U0378269

21世纪高等学校电子信息工程规划教材

电路原理实验教程

刘玉成 编著

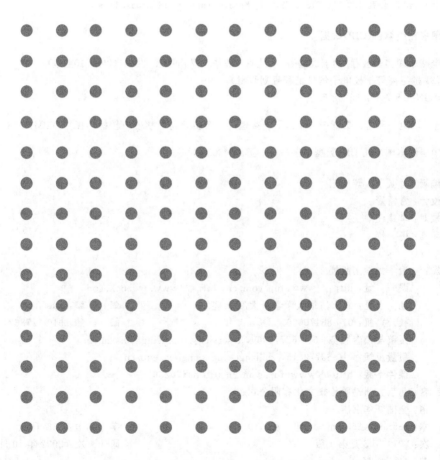

清华大学出版社
北京

内 容 简 介

《电路原理实验教程》是一本密切配合电路基础课程教学的实验教材,目的是培养学生的实验基本技能和动手能力,帮助学生巩固和加深理解所学的基本理论知识。

全书实验内容包括基本电工仪表的使用及测量误差的计算,减小仪表测量误差的方法,电路元件伏安特性的测绘,电位、电压的测定及电路电位图的绘制,基尔霍夫定律的验证,叠加原理的验证,电压源与电流源的等效变换,戴维南定理和诺顿定理的验证,最大功率传输条件的测定,受控源 VCVS、VCCS、CCVS、CCCS 的实验研究,典型电信号的观察与测量,RC 一阶电路的响应测试,二阶动态电路响应的研究,$R、L、C$ 元件阻抗特性的测定,用三表法测量交流电路等效参数,正弦稳态交流电路相量的研究,RC 选频网络特性测试,$R、L、C$ 串联谐振电路的研究,双口网络测试,负阻抗变换器,回转器,互感电路测量,单相铁芯变压器特性的测试,三相交流电路电压、电流的测量,三相电路功率的测量,单相电度表的校验,功率因数及相序的测量。为培养学生独立实验的能力,书中有些实验内容写得比较简略,留有部分内容让学生自己完成。书的最后以附录的形式对于实验设备与主要的实验仪器仪表进行了介绍。

本书可作为高等学校工科电类专业电路原理、电工基础课程的实验教材,也可作为单列的电路基本实验课教材。

图书在版编目(CIP)数据

电路原理实验教程/刘玉成编著.—北京:清华大学出版社,2014 (2022.10重印)
(21 世纪高等学校电子信息工程规划教材)
ISBN 978-7-302-35248-8

Ⅰ.①电… Ⅱ.①刘… Ⅲ.①电路理论-实验-高等学校-教材 Ⅳ.①TM13-33

中国版本图书馆 CIP 数据核字(2014)第 014305 号

责任编辑:付弘宇 薛 阳
封面设计:常雪影
责任校对:李建庄
责任印制:杨 艳

出版发行:清华大学出版社
      网 址:http://www.tup.com.cn, http://www.wqbook.com
      地 址:北京清华大学学研大厦 A 座 邮 编:100084
      社 总 机:010-83470000 邮 购:010-62786544
      投稿与读者服务:010-62776969, c-service@tup.tsinghua.edu.cn
      质量反馈:010-62772015, zhiliang@tup.tsinghua.edu.cn
      课件下载:http://www.tup.com.cn,010-83470236
印 装 者:北京九州迅驰传媒文化有限公司
经 销:全国新华书店
开 本:185mm×260mm 印 张:10.25 字 数:253 千字
版 次:2014 年 3 月第 1 版 印 次:2022 年 10 月第 8 次印刷
印 数:4151～4450
定 价:35.00 元

产品编号:057793-02

出 版 说 明

随着我国高等教育规模的扩大和产业结构调整的进一步完善,社会对高层次应用型人才的需求将更加迫切。各地高校紧密结合地方经济建设发展需要,科学运用市场调节机制,合理调整和配置教育资源,在改革和改造传统学科专业的基础上,加强工程型和应用型学科专业建设,积极设置主要面向地方支柱产业、高新技术产业、服务业的工程型和应用型学科专业,积极为地方经济建设输送各类应用型人才。各高校加大了使用信息科学等现代科学技术提升、改造传统学科专业的力度,从而实现传统学科专业向工程型和应用型学科专业的发展与转变。在发挥传统学科专业师资力量强、办学经验丰富、教学资源充裕等优势的同时,不断更新其教学内容、改革课程体系,使工程型和应用型学科专业教育与经济建设相适应。

为了配合高校工程型和应用型学科专业的建设和发展,急需出版一批内容新、体系新、方法新、手段新的高水平电子信息类专业课程教材。目前,工程型和应用型学科专业电子信息类专业课程教材的建设工作仍滞后于教学改革的实践,如现有的电子信息类专业教材中有不少内容陈旧(依然用传统专业电子信息教材代替工程型和应用型学科专业教材),重理论、轻实践,不能满足新的教学计划、课程设置的需要;一些课程的教材可供选择的品种太少;一些基础课的教材虽然品种较多,但低水平重复严重;有些教材内容庞杂,书越编越厚;专业课教材、教学辅助教材及教学参考书短缺,等等,都不利于学生能力的提高和素质的培养。为此,在教育部相关教学指导委员会专家的指导和建议下,清华大学出版社组织出版本系列教材,以满足工程型和应用型电子信息类专业课程教学的需要。本系列教材在规划过程中体现了如下一些基本原则和特点:

(1) 系列教材主要是电子信息学科基础课程教材,面向工程技术应用的培养。本系列教材在内容上坚持基本理论适度,反映基本理论和原理的综合应用,强调工程实践和应用环节。电子信息学科历经了一个多世纪的发展,已经形成了一个完整、科学的理论体系,这些理论是这一领域技术发展的强大源泉,基于理论的技术创新、开发与应用显得更为重要。

(2) 系列教材体现了电子信息学科使用新的分析方法和手段解决工程实际问题。利用计算机强大功能和仿真设计软件,使电子信息领域中大量复杂的理论计算、变换分析等变得快速简单。教材充分体现了利用计算机解决理论分析与解算实际工程电路的途径与方法。

(3) 系列教材体现了新技术、新器件的开发应用实践。电子信息产业中仪器、设备、产品都已使用高集成化的模块,且不仅仅由硬件来实现,而是大量使用软件和硬件相结合的方法,使产品性价比很高。如何使学生掌握这些先进的技术、创造性地开发应用新技术是本系列教材的一个重要特点。

(4) 以学生知识、能力、素质协调发展为宗旨,系列教材编写内容充分注意了学生创新能力和实践能力的培养,加强了实验实践环节,各门课程均配有独立的实验课程和课程设计。

（5）21世纪是信息时代,学生获取知识可以是多种媒体形式和多种渠道的,而不再局限于课堂上,因而传授知识不再以教师为中心,以教材为唯一依托,而应该多为学生提供各类学习资料(如网络教材,CAI课件,学习指导书等)。应创造一种新的学习环境(如讨论,自学,设计制作竞赛等),让学生成为学习主体。该系列教材以计算机、网络和实验室为载体,配有多种辅助学习资料,可提高学生学习兴趣。

繁荣教材出版事业,提高教材质量的关键是教师。建立一支高水平的以老带新的教材编写队伍才能保证教材的编写质量和建设力度,希望有志于教材建设的教师能够加入到我们的编写队伍中来。

21世纪高等学校电子信息工程规划教材编委会
联系人：魏江江　weijj@tup.tsinghua.edu.cn

前　言

实验是为了认识世界或事物,为了检验某种科学理论或假定而进行的操作或活动,任何自然科学理论都离不开实践。科学实践是研究自然科学极为重要的环节,也是科学技术得以发展的重要保证。

本书是根据教育部《关于加强高等学校本科教育工作提高教学质量的若干意见》文件精神和《高等学校国家级实验教学示范中心建设标准》而编写的一套适应21世纪教学改革要求的实验教程。本实验教程适用于电类本科专业,在内容安排上注重对学生基本实验技能的训练。旨在通过实验,使学生掌握连接电路,电工测量,故障排除等实验技巧,掌握常用电工仪器仪表的基本原理、使用方法以及数据采集、数据处理和各种故障现象的观察分析方法,培养学生用基本理论分析问题、解决问题的能力,培养学生严肃认真的科学态度、踏实细致的实验作风,增强学生的动手能力。

本书可作为高等学校工科电类专业电路原理、电工基础课程的实验教材,也可作为单列的电路基本实验课教材,是按照模块化、网络化这一新的教学理念和教学体系而编写的。具有以下特点。

1. 引进新技术,教学灵活多样

紧密配合课程体系改革和实验教学改革的需要,引入计算机虚拟实验和网络化管理技术,将计算机虚拟实验与传统的实际工程实验有机地结合,提供学生先进的实验技术以及充分发挥创新思维能力的空间。在教材编写中体现了将过去的单纯验证性实验转变为基础强化实验、将过去的小规模综合性实验,转变为中规模应用性实验、将过去在实验室进行的单一化实验,转变为不受时间、地点、内容限制的多元化的开放性实验。

2. 内容充实,注重实际技能训练

书中实验的选择本着既能够验证理论、巩固加深理论知识,又能够使学生得到实际技能训练的原则。每个实验都经过编者的实际验证,保证了实验的合理性、可操作性和知识点的深度与广度。在实验任务的设计中,要求学生尽量多而反复地使用电压表、电流表、功率表、稳压电源、信号发生器、示波器等各种常规电工仪器仪表,目的是使学生在反复使用的过程中真正掌握这些仪器仪表的使用,使其在后续课程乃至未来的工程实践中能够得心应手地应用这些仪器仪表。

3. 通用性强

能与高校的电工电子实验教学中心的实验设备配套使用,满足教学大纲要求,适应性强。使用本教材的教师,可根据各院校的实际情况和教学大纲来实施计划,酌情选择全部或部分内容。

　　本书由重庆科技学院电子信息工程学院的刘玉成教授编写,李太福教授主审并提出了宝贵的意见。在编写过程中,得到了电工电子实验教学中心电路实验室黄勤易老师、梁文涛老师的大力支持,在此致以深切的谢意!

　　要达到实验课教学目的并提高实验教学质量,需要有适用的实验教材,本书是编者的一次尝试。由于编者水平有限,书中难免有不当之处,敬请读者批评指正。

编　者

2014 年 1 月

目 录

绪　　论

实验是帮助学生学习和运用理论处理实际问题,验证、消化和巩固基本理论,培养学生的实验技能、动手能力和分析问题及解决问题的能力,获得创新思维潜力和科学研究方法训练的重要环节。

对于电路课程来说,在系统学习了本学科理论知识的基础上,还要加强基本实验技能的训练,电路实验课即为这种技能训练的重要环节。电路实验是工科院校电类专业学生的主要实验课之一,属于专业基础实验课。实验质量的高低将直接影响学生实际动手能力的高低,而实际动手能力则关系到学生今后的工作和发展。因此,对电路实验课应该给予足够的重视。

一、电路实验课的目的

(1) 通过实验,巩固、加深和丰富电路理论知识。

(2) 学习正确使用电流表、电压表、变阻器等常用仪表和设备的方法,掌握并熟悉毫伏表、直流稳压电源、函数信号发生器、示波器等常用电子仪器的操作方法。

(3) 掌握一些基本的电子测试技术。

(4) 训练选择实验方法、整理实验数据、分析误差、绘制曲线、判断实验结果、写电类实验报告的能力。

(5) 培养实事求是、严肃认真、细致踏实的科学作风和独立工作的能力。

二、电路实验课的基本要求

1. 实验仪器与仪表

正确使用电压表、电流表和万用表,会使用常用的一些电工设备;初步会用功率表和一些电子仪器、仪表及电子设备,如示波器、直流稳压电源、晶体管毫伏表。

2. 测试方法

电压、电流的测量,信号波形的观察方法,电阻器、电容器、电感器参数和电压、电流特性的测量及功率的测量。

3. 实验操作

能正确布局和连接实验电路,认真观察实验现象和正确读取数据,并有初步分析判断能力;能初步分析和排除实验故障,要求具有实事求是的科学态度。

4. 实验报告

能写出符合规格的实验报告,正确绘制实验曲线,做出初步的分析、解释。

三、电路实验课的进行

1. 课前预习

实验效果的好坏与实验的预习密切相关。学生应事先认真阅读实验指导书,经过思考后,写出预习报告(也是正式报告的一部分),做到对每个实验心中有数。只有心中有数,才能做到有条不紊,主动观察实验现象,发现并分析问题,取得最佳实验效果。心中无数,必然手忙脚乱,完不成任务,达不到实验的目的与要求,甚至发生事故。预习重点如下。

(1) 明确实验目的、任务与要求,估算实验结果。

(2) 复习有关理论,弄懂实验原理、方法,熟悉实验电路。

(3) 了解所需的实验元件、仪器设备及其使用方法。

2. 熟悉设备和接线

在接线之前应了解第一次使用的仪器、设备的接线端、刻度、各旋钮的位置及作用、电源开关位置,确定所用仪表及极性等。

应根据实验线路合理布置仪表及实验器材,以便接线、查对,便于操作及读数。对初学者来说,首先应按照电路图一一对应地进行布局与接线。较复杂的电路应先串联后并联,同时确认元件、仪器仪表的同名端、极性和公共参考点等与电路设定的方位一致,最后连接电源端。

接线时,应避免在同一端子上连接三根以上的连线(应分散接),减少因牵动(碰)一线而引起端子松动、接触不良或导线脱落的情况。电表的端子原则上只接一根线。改接线路时,应力求改动量最小,避免拆光重接。

3. 通电操作及读数

线路接好后,经检查无误,并请指导教师复查后方可接通电源。通电操作时必须集中注意力观察电路的变化,如有异常,如声响、冒烟等现象,应立即断开电源,检查原因。接通电源后将设备检查一遍,观察一下实验现象,判断结果是否合理。若不合理,则线路有误,立即切断电源重新检查线路并修正;若结果合理,则可正式操作。读数时姿势要正确,思想要集中,以防止误读。数据要记录在事先准备的表格中,凌乱和无序的记录常常是造成错误和失败的原因。为了获得正确的数据,有时需要重新读取数据。要养成科学的态度,尊重原始数据,在写试验报告时若发现原始数据不合理,不得任意涂改,应当分析问题的原因。当需要读数的分布情况时,可随曲线的曲率的不同来选择读数点的数目,曲率较大处可多读几点。

4. 实验结束

完成全部内容后,不要急于拆除线路,应先检查实验数据有无遗漏或不合理的情况,经指导教师同意方可拆除线路，整理桌面，摆放好各种实验器材、用具，方可离开实验室。

5. 安全操作问题

实验过程中应随时注意安全，包括人身与设备的安全。除以上提到的一些注意事项外，还须特别注意以下几点。

（1）当电源接通进行正常实验时，不可用手触及带电部分，改接或拆除电路时必须先断电。

（2）使用仪器仪表设备前必须了解其性能和使用方法。切勿违反操作规范乱拨乱调旋钮，尤其注意不得超过仪表的量程和设备的额定值。

（3）如果实验中用到调节器、电位器以及可变电阻器等设备，在电源接通前，应将其调节位置放在使用电路中的电流最小的地方，然后接通电源，再逐步调节电压、电流，使其缓慢上升，一旦发现异常，应立即切断电源。

四、电路实验故障的分析和处理

1. 故障的类型与原因

实验课中出现各种故障是难免的。学生通过对电路简单故障的分析、具体诊断和排除，逐步提高分析问题和解决问题的能力。在电路实验中，常见的故障多属开路、短路或介于两者之间这三种类型。无论何种类型，如不及时发现并排除，都会影响实验进行或造成损失。

故障原因大致有以下几种。

（1）实验线路连接有错误或实验者对实验供电系统设施不熟悉。

（2）元器件、仪器仪表、实验装置等使用条件不符或初始状态值设定不当。

（3）电源、实验电路、测试仪器之间公共参考点连接错误或参考点位置选择不当。

（4）接触不良或连接导线损坏。

（5）布局不合理。电路内部产生干扰。

（6）周围有强电设备，产生电磁干扰。

2. 故障检测

故障检测的方法很多，一般是根据故障类型确定部位，缩小范围，再在范围内逐点检查，最后找出故障点并予以排除。

1）检测方法

简单实用的检测方法就是万用表（电压挡或电阻挡）在通电或断电状态下去检查电路故障。

（1）通电检测法。用万用表电压挡（或电压表）在接通电源的情况下进行故障检测，根据实验原理，电路中某两点应该有电压而万用表测不出电压；或某两点不应该有电压而万用表测出了电压，那么故障必在此两点间。

（2）断电检查法。用万用表电阻挡在断开电源的情况下进行故障检测。根据实验原理，电路中某两点应该导通（或电阻极小），万用表测出开路（或电阻很大）；或两点间应该开路(或电阻很大),但测得的结果为短路(或电路很小),则故障在此两点间。

有时电路中有多种或多个故障,并且相互掩盖或影响,但只要耐心细致去分析查找,就一定能够检测出来。

在选择检测方法时,要针对故障类型和电路结构情况选用。如短路故障或电路工作电压较高(200V以上),不宜用通电法(电阻挡)检测。因为这两种情况存在时,有损坏仪表、元件和触电的可能。

2) 检测顺序

一般情况下,按故障部位直接检测,当故障原因和部位不易确定时,按下列顺序进行。

(1) 检查电路接线有无错误。

(2) 检查电源供电系统,从电源进线、熔断器、闸刀开关至电路输入端子,依次检查各部分有无电压,是否符合标准。

(3) 主、副电路中元件、仪器仪表、开关连接导线是否完好且接触良好。

(4) 检测仪器部分,供电系统、输入、输出调节,显示及探头、接地点等。

五、数据整理与实验报告

1. 数据整理与曲线绘制

整理实验结果是实验的重要环节,通过整理及编写报告可以系统地理解实验教学中所获得的知识,建设清晰的概念。实验结果有数据、波形曲线、现象等。整理数据一般通过计算、描绘曲线、分析波形及现象,找出其中典型的、能说明问题的特征,并找到条件(参数)与结果之间的联系,从而说明电路的性质。整理数据时必须注意误差的判别。

实验曲线是以图形形式更直观地表达实验结果的语言,作好实验曲线的基本要点如下。

(1) 图纸选择要恰当。本实验课主要采用毫米方格纸,频率特性曲线采用对数坐标绘制效果更好。除特殊要求外,一般按照1∶1.5矩形图面来作图。比例尺以处理后的实验数据为根据做合理选择。

(2) 坐标的分度要合理。坐标轴以 X 轴代表自变数,Y 轴代表应变数,坐标的分度就是坐标轴上每一格代表值的大小。分度的选择应使图纸上任一点的坐标容易读数。为了便于阅读,应将坐标轴的分度值标记出来,每个坐标轴必须注明名称和单位。

(3) 曲线绘制要细心。一般情况下把实验数据在坐标纸上用"O"、"﹡"或"△"符号标出即可。按照所描的点作曲线应使用曲线板、曲线尺等作图仪器。描出的曲线应光滑匀整,不必强使曲线通过所有的点,但应与所有的点接近,同时使未被曲线经过的点大致均匀地分布在曲线的两侧。

(4) 加上必要的注释说明。在每一图形下面将曲线经过的意义清楚明确地写出,使阅读者一目了然。

2. 实验报告的要求和内容

实验报告是根据实测数据以及在实验中观察和发现的问题,经过自己的分析研究或分析讨论后写出的心得体会。实验报告应是学生进行实验的全过程的总结。它既是完成教学环节的凭证,也是今后编写其他工程(实验)报告的参考资料。因此,要求文字简洁、工整,曲线图表清晰,实验结论要有科学根据和分析。实验报告应包括以下内容。

(1) 实验名称、专业班级、学号、姓名、实验日期。

(2) 实验目的。

(3) 实验原理与说明。

(4) 实验任务。列出具体任务与要求,画出实验电路图,拟定主要步骤和数据纪录表格。

(5) 实验仪器与设备。纪录实验中使用的仪器与设备的名称、型号、规格和数量。

(6) 数据的整理和计算。

(7) 按记录及计算的数据用坐标纸画出曲线,图纸尺寸不小于 8cm×8cm,曲线要用曲线尺或曲线板连成光滑曲线,不在曲线上的点仍按实际数据标出。

(8) 根据数据和曲线进行计算和分析,说明实验结果与理论是否符合,可对某些问题提出一些自己的见解并最后写出结论。

(9) 回答提出的思考题。

实验报告中的第(1)～第(5)项,应在预习时完成,实验中补充完善;第(6)～第(9)项应在实验中基本形成,实验结束后整理完善。

六、实验安全操作规程

为了按时完成电路实验,确保实验时的人身安全与设备安全,要严格遵守以下安全操作规程。

(1) 实验时,人体不可接触带电线路。

(2) 接线或拆线都必须在切断电源的情况下进行。

(3) 学生独立完成接线或改接线路后必须经指导教师检查和允许,并引起组内其他同学注意后方可接通电源。实验中如发生事故,应立即切断电源,查清问题并妥善处理故障后,才能继续进行实验。

(4) 应先检查功率表及电流表等仪表的量程是否符合要求,是否有短路回路存在,以免损坏仪表或电源。

(5) 总电源或实验台控制屏上的电源接通应在实验指导人员允许后方可操作,其他人员不得自行合闸。

实验一　基本电工仪表的使用及测量误差的计算

一、实验目的

(1) 熟悉实验台上各类电源及各类测量仪表的布局和使用方法。

(2) 掌握指针式电压表、电流表内阻的测量方法。

(3) 熟悉电工仪表测量误差的计算方法。

二、实验原理

(1) 为了准确地测量电路中实际的电压和电流,必须保证仪表接入电路后不会改变被测电路的工作状态。这就要求电压表的内阻为无穷大;电流表的内阻为零。而实际使用的指针式电工仪表都不能满足上述要求。因此,测量仪表一旦接入电路,就会改变电路原有的工作状态,这就导致仪表的读数值与电路原有的实际值之间出现误差。误差的大小与仪表本身的内阻大小密切相关。只要测出仪表的内阻,即可计算出由其产生的测量误差。以下介绍几种测量指针式仪表内阻的方法。

(2) 用"分流法"测量电流表内阻。

如图 1-1 所示,Ⓐ为被测内阻(R_A)的直流电流表。测量时先断开开关 S,调节直流电流源的输出电流 I 使Ⓐ表指针满偏转。然后合上开关 S,并保持 I 值不变,调节电阻箱 R_B 的阻值,使电流表Ⓐ的指针指在 1/2 满偏转位置,此时有 $I_A = I_S = I/2$,因此 $R_A = R_B /\!/ R_1$。R_1 为固定电阻器之值,R_B 可由电阻箱的刻度盘上读得。

(3) 用"分压法"测量电压表内阻。

如图 1-2 所示,Ⓥ为被测内阻(R_V)的直流电压表。测量时先将开关 S 闭合,调节直流稳压电源的输出电压,使电压表 Ⓥ 的指针为满偏转。然后断开开关 S,调节 R_B 使电压表 Ⓥ 的指示值减半,此时有

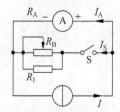

图 1-1　用"分流法"测量电流表内阻

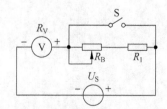

图 1-2　用"分压法"测量电压表内阻

$$R_V = R_B + R_1$$

电压表的灵敏度为

$$S = R_V/U_S(\Omega/V)$$

式中 U 为电压表满偏时的电压值。

（4）仪表内阻引起的测量误差（通常称为**方法误差**，而仪表本身结构引起的误差称为仪表基本误差）的计算。

以如图 1-3 所示电路为例，R_1 上的电压为 $U_{R_1} = R_1 U/(R_1+R_2)$，若 $R_1=R_2$，则 $U_{R_1} = U/2$。

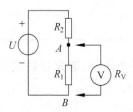

图 1-3　方法误差的测量

现用一内阻为 R_V 的电压表来测量 U_{R_1} 值，当 R_V 与 R_1 并联后，$R_{AB}=R_V R_1/(R_V+R_1)$，以此来替代上式中的 R_1，则得

$$U'_{R_1} = \frac{\dfrac{R_V+R_1}{R_V R_1}}{\dfrac{R_V+R_1}{R_V R_1}+R_2}U$$

绝对误差为

$$\Delta U = U'_{R_1} - U_{R_1} = \left(\frac{\dfrac{R_V+R_1}{R_V R_1}}{\dfrac{R_V+R_1}{R_V R_1}+R_2} - \frac{R_1}{R_1+R_2} \right)U$$

化简后得

$$\Delta U = \frac{-R_1^2 R_2 U}{R_V(R_1^2+2R_1 R_2+R_2^2)+R_1 R_2(R_1+R_2)}$$

若 $R_1=R_2=R_V$，则得 $\Delta U = -U/6$。

相对误差为 $\Delta U\% = [(U'_{R_1}-U_{R_1})/U_{R_1}]\times 100\% = [(-U/6)/(U/2)]\times 100\% = -33.3\%$。

由此可见，当电压表的内阻与被测电路的电阻相近时，测量的误差是非常大的。

三、实验设备

可调直流稳压电源	0～30V	一台
可调直流恒流源	0～500mA	一台
指针式万用表	MF-47 或其他	一只
元件箱	TKDG-05	一挂箱

四、实验内容与步骤

根据"分流法"原理测定指针式万用表(MF-47 型或其他型号)直流毫安表 0.5mA 和 5mA 挡量限的内阻。线路如图 1-1 所示,测量数据记入表 1-1 中。

表　1-1

被测电流表量限	S 断开时的表读数/mA	S 闭合时的表读数/mA	R_B/Ω	R_1/Ω	计算内阻 R_A/Ω
0.5mA					
5 mA					

(1) 根据"分压法"原理按图 1-2 接线,测定指针式万用表直流电压 2.5V 和 10V 挡量限的内阻。测量数据记入表 1-2 中。

表　1-2

被测电压表量限	S 闭合时的表读数/V	S 断开时的表读数/V	$R_B/k\Omega$	$R_1/k\Omega$	计算内阻 $R_V/k\Omega$	$S/(\Omega/V)$
2.5V						
10V						

(2) 用指针式万用表直流电压 10V 挡量限测量图 1-3 电路中 R_1 上的电压 U'_{R_1} 之值,并计算测量的绝对误差与相对误差。测量数据记入表 1-3 中。

表　1-3

U	R_2	R_1	$R_{10V}/k\Omega$	计算值 U_{R_1}/V	实测值 U'_{R_1}/V	绝对误差/V	相对误差/%
10V	10kΩ	50kΩ					

五、预习要求

(1) 用量程为 10A 的电流表测实际值为 8A 的电流时,实际读数为 8.1A,求测量的绝对误差和相对误差。

(2) 如图 1-4(a)、图 1-4(b)所示为伏安法测量电阻的两种电路,被测电阻的实际阻值为 R_X,电压表的内阻为 R_V,电流表的内阻为 R_A,求两种电路测量电阻 R_X 的相对误差。

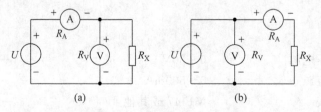

(a)　　　　　　　　　(b)

图 1-4　伏安法测量电阻的两种电路

六、注意事项

（1）在开启 DG04 挂箱的电源开关前，应将两路直流稳压电源的输出调节旋钮调至最小（逆时针旋到底），并将恒流源的输出粗调旋钮拨到 2mA 挡，输出细调旋钮应调至最小。接通电源后，再根据实验需要缓慢调节。

（2）当恒流源输出端接有负载时，如果需要将其粗调旋钮由低挡位向高挡位切换，必须先将其细调旋钮调至最小。否则输出电流会突增，可能会损坏外接器件。

（3）电压表应与被测电路并接，电流表应与被测电路串接，并且都要注意正、负极性以及量程的合理选择。

（4）实验内容（1）和（2）中，R_1 与 R_B 并联，可使阻值调节比单只电阻容易。R_1 的取值应与 R_B 相近。

（5）本实验仅测试指针式仪表的内阻。由于所选指针表的型号不同，实验中所列的电流、电压量程及选用的 R_B、R_1 等均会不同。实验时应按选定的表型自行确定。

七、思考题

根据实验内容（1）和实验内容（2），若已求出 0.5mA 挡和 2.5V 挡的内阻，可否直接计算得出 5mA 挡和 10V 挡的内阻？

八、实验报告要求

（1）列表记录实验数据，并计算各被测仪表的内阻值。

（2）分析实验结果，总结应用场合。

（3）对思考题的计算。

实验二　减小仪表测量误差的方法

一、实验目的

（1）进一步了解电压表、电流表的内阻在测量过程中产生的误差及其分析方法。

（2）掌握减小因仪表内阻所引起的测量误差的方法。

二、实验原理

减小因仪表内阻而产生的测量误差的方法有以下两种。

1. 不同量限两次测量计算法

当电压表的灵敏度不够高或电流表的内阻太大时，可利用多量限仪表对同一被测量对象用不同量限进行两次测量，所得读数经计算后可得到较准确的结果。

如图 2-1 所示电路，欲测量具有较大内阻 R_0 的电动势 U_S 的开路电压 U_0 时，如果所用电压表的内阻 R_V 与 R_0 相差不大，将会产生很大的测量误差。

设电压表有两挡量限，U_1、U_2 分别为在这两个不同量限下测得的电压值，令 R_{V1} 和 R_{V2} 分别为这两个相应量限的内阻，则由图 2-1 可得出

$$U_1 = \frac{R_{V1}}{R_0 + R_{V1}} \times U_S \quad U_2 = \frac{R_{V2}}{R_0 + R_{V2}} \times U_S$$

对以上两式进行整理，消去电源内阻 R_0 化简为

$$U_S = \frac{U_1 U_2 (R_{V2} - R_{V1})}{U_1 R_{V2} - U_2 R_{V1}}$$

由上式可知，通过上述两次的测量结果，即可计算出开路电压 U_0 的大小，而与电源内阻 R_0 的大小无关，其准确度要比单次测量好得多。

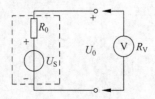

图 2-1　用电压表两挡量限两次测量法测 U_S

对于电流表，当其内阻较大时，也可用类似的方法测得较准确的结果。电路如图 2-2 所示，不接入电流表时的电流，即短路电流为

$$I = U_S / R_0$$

接入内阻为 R_A 的电流表 A 时,电路中的电流变为

$$I' = U_S/(R_0 + R_A)$$

如果 $R_A = R_0$,则 $I' = I/2$,出现很大的误差。

如果用有不同内阻 R_{A1}、R_{A2} 的两挡量限的电流表做两次测量并经简单的计算就可得到较准确的电流值。

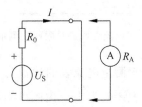

图 2-2 用电流表两挡量限两次测量法测 I

按图 2-2 电路,两次测量得

$$I_1 = U_S/(R_0 + R_{A1})$$

$$I_2 = U_S/(R_0 + R_{A2})$$

由以上两式可解得短路电流为

$$I = U_S/R_0 = I_1 I_2 (R_{A1} - R_{A2})/(I_1 R_{A1} - I_2 R_{A2})$$

由上式可知,通过两挡不同量限测量结果 I_1、I_2 可准确地计算出被测电流 I 的大小。

2. 同一量限两次测量计算法

如果电压表(或电流表)只有一挡量限,且电压表的内阻较小(或电流表的内阻较大)时,可用同一量限两次测量法减小测量误差。其中,第一次测量与一般的测量并无不同。第二次测量时必须在电路中串入一个已知阻值的附加电阻。

(1) 电压测量。测量如图 2-3 所示电路的开路电压 U_0。

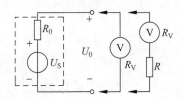

图 2-3 用电压表同一量限两次测量法测 U_S

设电压表的内阻为 R_V。第一次测量,电压表的读数为 U_1。第二次测量时应与电压表串接一个已知阻值的电阻器 R,电压表读数为 U_2。由图可知,

$$\begin{cases} U_1 = \dfrac{R_V U_S}{R_0 + R_V} \\ U_2 = \dfrac{R_V U_S}{R_0 + R_V + R} \end{cases}$$

由以上两式可解得

$$U_S = U_0 = \frac{R U_1 U_2}{R_V (U_1 - U_2)}$$

（2）电流测量。测量如图 2-4 所示电路的电流 I。

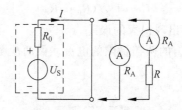

图 2-4   用电流表同一量限两次测量法测 I

设电流表的内阻为 R_A。第一次测量电流表的读数为 I_1。第二次测量时应与电流表串接一个已知阻值的电阻器 R，电流表读数为 I_2。由图可知，

$$
\begin{cases}
I_1 = \dfrac{U_S}{R_0 + R_A} \\[2mm]
I_2 = \dfrac{U_S}{R_0 + R_A + R}
\end{cases}
$$

由以上两式可解得

$$
U_S = \frac{I_1 I_2 R}{I_1 - I_2}
$$

所以不接入电流表时的短路电流为

$$
I = \frac{U_S}{R_0} = \frac{I_1 I_2 R}{I_2(R + R_A) - I_1 R_A}
$$

由以上分析可知，当所用仪表的内阻与被测线路的电阻相差不大时，采用多量限仪表不同量限两次测量法或单量限仪表两次测量法，通过计算就可得到比单次测量准确得多的结果。

三、实验设备

可调直流稳压电源	$0\sim30V$	一台
指针式万用表	MF-47 或其他	一只
直流数字毫安表	$0\sim2000mA$	一只
元件箱	TKDG-05	一挂箱

四、实验内容与步骤

1. 双量限电压表两次测量法

按图 2-3 电路，实验中利用实验台上的一路直流稳压电源，取 $U_S = 2.5V$，R_0 选用 $50k\Omega$。用指针式万用表的直流电压 2.5V 和 10V 两挡量限进行两次测量，最后算出开路电压 U_0' 之值。将测量数据记入表 2-1 中。

表 2-1

万用表电压量限/V	内阻值/kΩ	两个量限测量值 U/V	开路电压实际值 U_0/V	两次测量计算值 U_0'/V	绝对误差/V	相对误差/%
2.5						
10						

$R_{2.5V}$ 和 R_{10V} 的取值参照实验一的结果。

2. 单量限电压表两次测量法

实验线路同上。先用上述万用表直流电压 2.5V 量限挡直接测量,得 U_1。然后串接 $R=10\text{k}\Omega$ 的附加电阻器再一次测量,得 U_2。计算开路电压 U_0' 之值,填入表 2-2 中。

表 2-2

开路电压实际值 U_0/V	两次测量值		测量计算值 U_0'/V	绝对误差/V	相对误差/%
	U_1/V	U_2/V			

3. 双量限电流表两次测量法

按图 2-4 线路进行实验,$U_S=3\text{V}$,$R=6.2\text{k}\Omega$(取自电阻箱),用万用表 0.5mA 和 5mA 两挡电流量限进行两次测量,计算出电路的电流值 I',填入表 2-3 中。

表 2-3

万用表电流量限	内阻值/Ω	两个量限测量值 I_1/mA	电流实际算值 I/mA	两次测量计算值 I'/mA	绝对误差/V	相对误差/%
0.5mA						
5mA						

$R_{0.5mA}$ 和 R_{5mA} 的取值参照实验一的结果。

4. 单量限电流表两次测量法

实验线路同 3。先用万用表 0.5mA 电流量限直接测量,得 I_1。再串联附加电阻 $R=30\Omega$ 进行第二次测量,得 I_2。求出电路中的实际电流 I' 之值,填入表 2-4 中。

表 2-4

电流实际值 I/mA	两次测量值		测量计算值 I'/mA	绝对误差/mA	相对误差/%
	I_1/mA	I_2/mA			

五、注意事项

（1）在开启 DG04 挂箱的电源开关前，应将两路直流稳压电源的输出调节旋钮调至最小（逆时针旋到底），并将恒流源的输出粗调旋钮拨到 2mA 挡，输出细调旋钮应调至最小。接通电源后，再根据实验需要缓慢调节。

（2）采用不同量限两次测量法时，应选用相邻的两个量限，且被测值应接近于低量限的满偏值。否则，当用高量限测量较低的被测值时，测量误差会较大。

（3）实验中所用的 MF-47 型万用表属于较精确的仪表。在大多数情况下，直接测量误差不会太大。只有当被测电压源的内阻＞1/5 电压表内阻或者被测电流源内阻＜5 倍电流表内阻时，采用本实验的测量、计算法才能得到较满意的结果。

六、实验报告

（1）完成各项实验内容的计算。
（2）实验的收获与体会。

实验三 电路元件伏安特性的测绘

一、实验目的

（1）学会识别常用电路元件的方法。

（2）掌握线性电阻、非线性电阻元件伏安特性的测绘。

（3）掌握实验台上直流电工仪表和设备的使用方法。

二、实验原理

任何一个二端元件的特性可用该元件上的端电压 U 与通过该元件的电流 I 之间的函数关系 $I = f(U)$ 来表示，即用 I-U 平面上的一条曲线来表征，这条曲线称为该元件的伏安特性曲线。

（1）线性电阻器的伏安特性曲线是一条通过坐标原点的直线，如图 3-1 中的 a 曲线所示，该直线斜率的倒数等于该电阻器的电阻值。

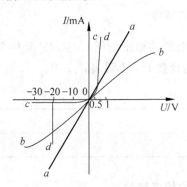

图 3-1   电阻元件的伏安特性曲线

（2）一般的白炽灯在工作时灯丝处于高温状态，其灯丝电阻随着温度的升高而增大，通过白炽灯的电流越大，其温度越高，阻值也越大，一般灯泡的"冷电阻"与"热电阻"的阻值可相差几倍至十几倍，所以它的伏安特性如图 3-1 中的 b 曲线所示。

（3）一般的半导体二极管是一个非线性电阻元件，其伏安特性如图 3-1 中的 c 曲线所示。正向压降很小（一般的锗管为 0.2～0.3V，硅管为 0.5～0.7V），正向电流随正向压降的升高而急剧上升，而反向电压从零一直增加到十几至几十伏时，其反向电流增加很小，粗略地可视为零。可见，二极管具有单向导电性，但反向电压加得过高，超过管子的极限值，则会导致管子击穿损坏。

(4) 稳压二极管是一种特殊的半导体二极管,其正向特性与普通二极管类似,但其反向特性较特别,如图 3-1 中的 d 曲线所示。在反向电压开始增加时,其反向电流几乎为零,但当电压增加到某一数值时(称为管子的稳压值,有各种不同稳压值的稳压管)电流将突然增加,以后它的端电压将基本维持恒定,当外加的反向电压继续升高时其端电压仅有少量增加。

注意:流过二极管或稳压二极管的电流不能超过管子的极限值,否则管子会被烧坏。

三、实验设备

可调直流稳压电源	0~30V	一台
万用表	FM-47或其他	一只
直流数字毫安表	0~2000mA	一只
直流数字电压表	0~200V	一只
二极管	TKDG-05:IN4007	一只
稳压管	TKDG-05:2CW51	一只
白炽灯	TKDG-05:12V,0.1A	一只
线性电阻器	TKDG-05:200Ω,1kΩ/3W	一只

四、实验内容与步骤

1. 测定线性电阻器的伏安特性

按图 3-2 接线,调节稳压电源的输出电压 U,从 0V 开始缓慢地增加,一直到 10V 左右,记下相应的电压表和电流表的读数 U_R、I 到表 3-1 中。

表 3-1

U_R/V	
I/mA	

2. 测定非线性白炽灯泡的伏安特性

将图 3-2 中的 R 换成一只 12V,0.1A 的灯泡,重复步骤 1。U_L 为灯泡的端电压,记录到表 3-2 中。

表 3-2

U_L/V	
I/mA	

3. 测定半导体二极管 IN4007 的伏安特性

按图 3-3 接线,R 为限流电阻。测二极管的正向特性时,其正向电流不得超过 35mA,

二极管 D 的正向施压 U_{D+} 可在 $0 \sim 0.75V$ 取值。在 $0.5 \sim 0.75V$ 应多取几个测量点。测反向特性时,只需将图 3-3 中的二极管 D 反接,且其反向施压 U_{D-} 可达 30V 左右。正向特性实验数据表如表 3-3 所示。

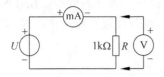

图 3-2　电阻伏安特性测定

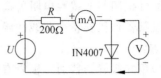

图 3-3　二极管伏安特性测定

表　3-3

U_{D+}/V	
I/mA	

反向特性实验数据表如表 3-4 所示。

表　3-4

U_{D-}/V	
I/mA	

4. 测定稳压二极管的伏安特性

将图 3-3 中的二极管 IN4007 换成稳压二极管 2CW51,重复实验内容 3 进行测量。其正反向电流不能超过 $\pm 20mA$。实验数据记入表 3-5、表 3-6 中。

表　3-5

U_{Z+}/V	
I/mA	

表　3-6

U_{Z-}/V	
I/mA	

五、注意事项

（1）测二极管正向特性时,稳压电源输出应由小至大逐渐增加,应时刻注意电流表读数不得超过 35mA。

（2）如果要测定 2AP9 的伏安特性,则正向特性的电压值应取 $0V,0.10V,0.13V,0.15V,0.17V,0.19V,0.21V,0.24V,0.30V$,反向特性的电压值取 $0V,2V,4V,\cdots,10V$。

（3）进行不同实验时,应先估算电压和电流值,合理选择仪表的量程,勿使仪表超量程,仪表的极性亦不可接错。

六、思考题

(1) 线性电阻与非线性电阻的概念是什么? 电阻器与二极管的伏安特性有何区别?

(2) 设某器件伏安特性曲线的函数式为 $I=f(U)$,试问在逐点绘制曲线时,其坐标变量应如何放置?

(3) 稳压二极管与普通二极管有何区别,其用途如何?

(4) 在图 3-3 中,设 $U=2V$,$U_{D+}=0.7V$,则毫安表读数为多少?

七、实验报告要求

(1) 根据各实验数据,分别在方格纸上绘制出光滑的伏安特性曲线。(其中二极管和稳压管的正、反向特性均要求画在同一张图中,正、反向电压可取不同的比例尺。)

(2) 根据实验结果,总结、归纳被测各元件的特性。

(3) 必要的误差分析。

实验四　电位、电压的测定及电路电位图的绘制

一、实验目的

(1) 验证电路中电位的相对性、电压的绝对性。

(2) 掌握电路电位图的绘制方法。

二、实验原理

在一个闭合电路中,各点电位的高低视所选的电位参考点的不同而变,但任意两点间的电位差(即电压)则是绝对的,它不因参考点的变动而改变。

电位图是一种平面坐标一、坐标四两象限内的折线图。其纵坐标为电位值,横坐标为各被测点。要制作某一电路的电位图,先要以一定的顺序对电路中各被测点编号。以图 4-1 的电路为例,如图中的 $A\sim F$,并在坐标横轴上按顺序、均匀间隔标上 A、B、C、D、E、F。再根据测得的各点电位值,在各点所在的垂直线上描点。用直线依次连接相邻两个电位点,即得该电路的电位图。

在电位图中,任意两个被测点的纵坐标值之差即为该两点之间的电压值。在电路中电位参考点可任意选定。对于不同的参考点,所绘出的电位图形是不同的,但其各点电位变化的规律却是一样的。

三、实验设备

可调直流稳压电源	0～30V 双路	一台
万用表		一只
直流数字电压表	0～200V	一只
电位、电压测定实验电路板	TKDG-03	一挂箱

四、实验内容与步骤

利用 TKDG-03 实验挂箱上的"基尔霍夫定律/叠加原理"实验电路板,按图 4-1 接线。

(1) 分别将两路直流稳压电源接入电路,令 $U_1=6\text{V}$,$U_2=12\text{V}$。(先调准输出电压值,再接入实验线路中。)

(2) 以图 4-1 中的 A 点作为电位的参考点,分别测量 B、C、D、E、F 各点的电位值 V 及

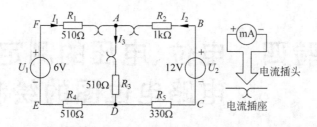

图 4-1　测定电位、电压的实验电路

相邻两点之间的电压值 U_{AB}、U_{BC}、U_{CD}、U_{DE}、U_{EF} 及 U_{FA}，将数据记录于表 4-1 中。

（3）以 D 点作为参考点，重复实验内容（2）的步骤，将数据记录于表 4-1 中，并用测量值按电位差计算电压。

表　4-1

电位参考点	测量值/V						用测量值进行计算/V					
	V_A	V_B	V_C	V_D	V_E	V_F	U_{AB}	U_{BC}	U_{CD}	U_{DE}	U_{EF}	U_{FA}
A												
D												

五、注意事项

（1）本实验电路板由多个实验通用，本次实验不使用电流插头。DG05 上的 K_3 应拨向 330Ω 侧，三个故障按键均不得按下。

（2）测量电位时，用指针式万用表的直流电压挡或用直流数字电压表测量时，用负表棒（黑色）接参考电位点，用正表棒（红色）接被测各点。若指针正向偏转或数显表显示正值，则表明该点电位为正（即高于参考点电位）；若指针反向偏转或数显表显示负值，此时应调换万用表的表棒，然后读出数值，此时在电位值之前应加一负号（表明该点电位低于参考点电位）。数显表也可不调换表棒，直接读出负值。

六、思考题

若以 F 点为参考电位点，请通过实验测得各点的电位值；现令 E 点为参考电位点，试问此时各点的电位值有何变化？

七、实验报告要求

（1）根据实验数据，绘制两个电位图形，并对照观察各对应两点间的电压情况。两个电位图的参考点不同，但各点的相对顺序应一致，以便对照。

（2）完成数据表格中的计算，对误差做必要的分析。

（3）总结电位相对性和电压绝对性的结论。

实验五 基尔霍夫定律的验证

一、实验目的

(1) 验证基尔霍夫定律的正确性,加深对基尔霍夫定律的理解。

(2) 学会用电流插头、插座测量各支路电流。

二、实验原理

基尔霍夫定律是求解复杂电路的电学基本定律。19 世纪 40 年代,由于电气技术的发展十分迅速,电路变得越来越复杂。某些电路呈现出网络形状,并且网络中还存在一些由三条或三条以上支路形成的交点(节点)。这种复杂电路不是串联、并联电路的公式所能解决的。刚从德国哥尼斯堡大学毕业,年仅 21 岁的基尔霍夫在他的第一篇论文中提出了适用于这种网络状电路计算的两个定律,即著名的基尔霍夫电流定律(KCL)和电压定律(KVL)。该定律能够迅速地求解任何复杂电路,从而成功地解决了这个阻碍电气技术发展的难题。基尔霍夫定律建立在电荷守恒定律、欧姆定律及电压环路定理的基础之上,在稳恒电流条件下严格成立。当基尔霍夫电流定律(KCL)和电压定律(KVL)联合使用时,可正确迅速地计算出电路中各支路的电流值。由于似稳电流(低频交流电)具有的电磁波长远大于电路的尺度,所以它在电路中每一瞬间的电流与电压均能在足够好的程度上满足基尔霍夫定律。因此,基尔霍夫定律的应用范围也可扩展到交流电路之中。

基尔霍夫定律是电路的基本定律。测量某电路的各支路电流及每个元件两端的电压,应能分别满足基尔霍夫电流定律(KCL) 和电压定律(KVL)。即对电路中的任一个节点而言,应有 $\sum I = 0$;对任何一个闭合回路而言,应有 $\sum U = 0$。

运用上述定律时必须注意各支路电流或闭合回路的正方向,此方向可预先任意设定。

三、实验设备

可调直流稳压电源	0~30V 双路	一台
万用表		一只
直流数字电压表	0~200V	一只
电位、电压测定实验电路板	TKDG-03	一挂箱

四、实验内容与步骤

实验线路与实验四图 4-1 相同,用 TKDG-03 挂箱的"基尔霍夫定律/叠加原理"电路板。

(1) 实验前先任意设定三条支路电流正方向。如图 4-1 所示,I_1、I_2、I_3 的方向已设定,闭合回路的正方向可任意设定。

(2) 分别将两路直流稳压源接入电路,令 $U_1 = 6V$,$U_2 = 12V$。

(3) 熟悉电流插头的结构,将电流插头的两端接至数字毫安表的"＋、－"两端。

(4) 将电流插头分别插入三条支路的三个电流插座中,读出并记录电流值填入表 5-1。

(5) 用直流数字电压表分别测量两路电源及电阻元件上的电压值,记录后填入表 5-1。

表　5-1

被测量	I_1/mA	I_2/mA	I_3/mA	U_1/V	U_2/V	U_{FA}/V	U_{AB}/V	U_{AD}/V	U_{CD}/V	U_{DE}/V
计算值										
测量值										
相对误差										

五、预习要求

根据图 4-1 的电路参数,计算出待测的电流 I_1、I_2、I_3 和各电阻上的电压值,记入表中,以便实验测量时,可正确地选定毫安表和电压表的量程。

六、注意事项

(1) 同实验四的注意(1),但需用到电流插座。

(2) 所有需要测量的电压值,均以电压表测量的读数为准。U_1、U_2 也需测量,不应取电源本身的显示值。

(3) 防止稳压电源两个输出端碰线短路。

(4) 用指针式电压表或电流表测量电压或电流时,如果仪表指针反偏,则必须调换仪表极性,重新测量。此时指针正偏,但读得电压或电流值必须冠以负号。若用数显电压表或电流表测量,则可直接读出电压或电流值。但应注意:所读得的电压或电流值的正确正、负号应根据设定的电流参考方向来判断。

七、思考题

实验中,若用指针式万用表直流毫安挡测各支路电流,在什么情况下可能出现指针反偏,应如何处理? 在记录数据时应注意什么? 若用直流数字毫安表进行测量,会有什么显示?

八、实验报告要求

(1) 根据实验数据,选定节点 A,验证 KCL 的正确性。

(2) 根据实验数据,选定实验电路中的任一个闭合回路,验证 KVL 的正确性。

(3) 将各支路电流和闭合回路的方向重新设定,重复(1)、(2)两项验证。

(4) 误差原因分析。

实验六 叠加原理的验证

一、实验目的

验证线性电路叠加原理的正确性,加深对线性电路叠加性和齐次性的认识和理解。

二、实验原理

叠加原理指出,在多个独立源共同作用下的线性电路中,通过每一个元件的电流或其两端的电压,可以看成由每一个独立源单独作用时在该元件上所产生的电流或电压的代数和。

线性电路的齐次性是指当激励信号(某独立源的值)增加或减小 K 倍时,电路的响应(即在电路中各电阻元件上所建立的电流和电压值)也将增加或减小 K 倍。

三、实验设备

可调直流稳压电源	0～30V 双路	一台
直流数字电压表	0～200V	一只
直流数字毫安表	0～200mA	一只
叠加原理实验电路板	TKDG-03	一挂箱

四、实验内容与步骤

实验线路如图 6-1 所示,用 TKDG-03 挂箱的"基尔霍夫定律/叠加原理"电路板。

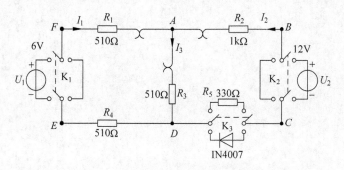

图 6-1 叠加原理实验电路

(1) 将两路稳压源的输出分别调节为 6V、12V，接入 U_1 和 U_2 处。开关 K_3 投向 R_5 侧。

(2) 令 U_1 电源单独作用（将开关 K_1 投向 U_1 侧，开关 K_2 投向短路侧）。用直流数字电压表和直流数字毫安表（接电流插头）测量各支路电流及各电阻元件两端的电压，记录测量数据并填入表 6-1 中。

表　6-1

测量项目 实验内容	U_1/V	U_2/V	I_1/mA	I_2/mA	I_3/mA	U_{AB}/V	U_{CD}/V	U_{AD}/V	U_{DE}/V	U_{FA}/V
U_1 单独作用										
U_2 单独作用										
U_1、U_2 共同作用										
$2U_1$ 单独作用										

(3) 令 U_2 电源单独作用（将开关 K_1 投向短路侧，开关 K_2 投向 U_2 侧），重复实验步骤(2)的测量，记录测量数据并填入表 6-1 中。

(4) 令 U_1 和 U_2 共同作用（开关 K_1 和 K_2 分别投向 U_1 和 U_2 侧），重复上述的测量，记录测量数据并填入表 6-1 中。

(5) 将 U_1 的数值调至 +12V，重复上述第(3)项的测量，记录测量数据并填入表 6-1 中。

(6) 将 R_5（330Ω）换成二极管 IN4007（即将开关 K_3 投向二极管 IN4007 侧），重复(1)～(5)的测量过程，记录测量数据并填入表 6-2 中。

表　6-2

测量项目 实验内容	U_1/V	U_2/V	I_1/mA	I_2/mA	I_3/mA	U_{AB}/V	U_{CD}/V	U_{AD}/V	U_{DE}/V	U_{FA}/V
U_1 单独作用										
U_2 单独作用										
U_1、U_2 共同作用										
$2U_1$ 单独作用										

(7) 任意按下某个故障设置按键，重复实验内容(4)的测量和记录，再根据测量结果判断故障的性质。

五、注意事项

(1) 用电流插头测量各支路电流时，或者用电压表测量电压降时，应注意仪表的极性，正确判断测得值的 +、- 号后，记入数据表格。

(2) 注意仪表量程的及时更换。

六、思考题

(1) 在叠加原理实验中，要令 U_1、U_2 分别单独作用，应如何操作？可否直接将不作用的电源(U_1或U_2)短接置零?

(2) 实验电路中,若有一个电阻器改为二极管,试问叠加原理的叠加性与齐次性还成立吗? 为什么?

七、实验报告要求

(1) 根据实验数据验证线性电路的叠加性与齐次性。

(2) 各电阻器所消耗的功率能否用叠加原理计算得出? 试用上述实验数据,进行计算并得出结论。

(3) 对实验步骤(6)进行分析,你能得出什么样的结论?

实验七　电压源与电流源的等效变换

一、实验目的

（1）掌握电源外特性的测试方法。

（2）验证电压源与电流源等效变换的条件。

二、实验原理

（1）一个直流稳压电源在一定的电流范围内,具有很小的内阻。故在实验中,常将它视为一个理想的电压源,即其输出电压不随负载电流而变。其外特性曲线,即其伏安特性曲线 $U=f(I)$ 是一条平行于 I 轴的直线。

一个恒流源在实验中,在一定的电压范围内,可视为一个理想的电流源,即其输出电流不随负载的改变而改变。

（2）一个实际的电压源（或电流源）,其端电压（或输出电流）不可能不随负载而变,因它具有一定的内阻值。故在实验中,用一个小阻值的电阻（或大电阻）与稳压源（或恒流源）相串联（或并联）来模拟一个实际的电压源（或电流源）。

（3）如图 7-1 所示,一个实际的电源,就其外部特性而言,既可以看成一个电压源,又可以看成一个电流源。若视为电压源,则可用一个理想的电压源 U_S 与一个电阻 R_0 相串联的组合来表示；若视为电流源,则可用一个理想电流源 I_S 与一电导 g_0 相并联的组合来表示。如果这两种电源能向同样大小的负载提供同样大小的电流和端电压,则称这两个电源是等效的,即具有相同的外特性。

一个电压源与一个电流源等效变换的条件为

$$I_S=U_S/R_0,g_0=1/R_0 \quad 或 \quad U_S=I_SR_0,R_0=1/g_0$$

电源等效变换电路如图 7-1 所示。

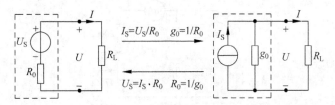

图 7-1　电源等效变换电路

三、实验设备

可调直流稳压电源	0～30V	一台
可调直流恒流源	0～500mA	一台
直流数字电压表	0～200V	一只
直流数字毫安表	0～2000mA	一只
万用表		一只
元件箱	TKDG-05	一挂箱

四、实验内容与步骤

1. 测定电压源的外特性

按图 7-2 接线。U_S 为＋6V 直流稳压电源，视为理想电压源。调节 R_2，令其阻值由大至小变化（∞～200Ω），记录两表的读数于表 7-1 中。

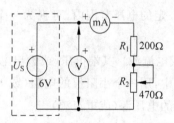

图 7-2　理想电压源外特性的测定

表　7-1

U/V						
I/mA						

按图 7-3 接线，虚线框可模拟为一个实际的电压源。调节 R_2（∞～200Ω），记录两表的读数于表 7-2 中。

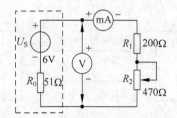

图 7-3　实际电压源外特性的测定

表　7-2

U/V							
I/mA							

2. 测定电流源的外特性

按图 7-4 接线，I_S 为直流恒流源，视为理想电流源。调节其输出为 10mA，令 R_0 分别为 1kΩ 和∞（即接入和断开），调节电位器 R_L（0～470Ω），测出这两种情况下的电压表和电流表的读数。自拟数据表格，记录实验数据。

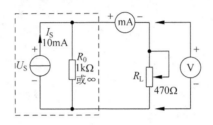

图 7-4　电流源外特性的测定

3. 测定电源等效变换的条件

先按图 7-5(a)接线，记录线路中两表的读数。然后按图 7-5(b)接线。调节线路中恒流源的输出电流 I_S，使两表的读数与图 7-5(a)的数值相等，记录 I_S 之值，验证等效变换条件的正确性。

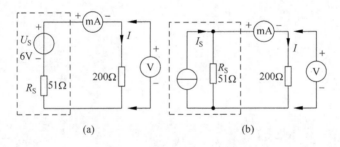

图 7-5　电源等效变换条件的测定

五、注意事项

（1）在测电压源外特性时，不要忘记测空载时的电压值，测电流源外特性时，不要忘记测短路时的电流值，注意恒流源负载电压不要超过 20V，负载不要开路。

（2）换接线路时，必须关闭电源开关。

（3）直流仪表的接入应注意极性与量程。

六、思考题

（1）通常直流稳压电源的输出端不允许短路，直流恒流源的输出端不允许开路，为什么?

(2)电压源与电流源的外特性为什么呈下降变化趋势,稳压源和恒流源的输出在任何负载下是否保持恒值?

七、实验报告要求

(1)根据实验数据绘出电源的 4 条外特性曲线,并总结、归纳各类电源的特性。
(2)由实验结果验证电源等效变换的条件。

实验八　戴维南定理和诺顿定理的验证

一、实验目的

（1）验证戴维南定理和诺顿定理的正确性，加深对该定理的理解。

（2）掌握测量有源二端网络等效参数的一般方法。

二、实验原理

（1）任何一个线性含源网络，如果仅研究其中一条支路的电压和电流，就可将电路的其余部分看作一个有源二端网络（或称为含源一端口网络）。

戴维南定理（Thevenin's Theorem）。含独立电源的线性电阻单口网络 N，就端口特性而言，可以等效为一个电压源和电阻串联的单口网络。电压源的电压等于单口网络在负载开路时的电压 U_{OC}；电阻 R_0 是单口网络内全部独立电源为零值时所得单口网络 N_0 的等效电阻。

戴维南定理（又译为戴维宁定理）又称等效电压源定律，是由法国科学家 L. C. 戴维南于 1883 年提出的一个电学定理。由于早在 1853 年，亥姆霍兹也提出过本定理，所以又称亥姆霍兹·戴维南定理。其内容是：一个含有独立电压源、独立电流源及电阻的线性网络的两端，就其外部形态而言，在电性上可以用一个独立电压源和一个松弛二端网络的串联电路组合来等效。在单频交流系统中，此定理不仅只适用于电阻，也适用于广义的阻抗。

对于含独立源，线性电阻和线性受控源的单口网络（二端网络），都可以用一个电压源与电阻相串联的单口网络（二端网络）来等效，这个电压源的电压，就是此单口网络（二端网络）的开路电压，这个串联电阻就是从此单口网络（二端网络）两端看进去，当网络内部所有独立源均置零以后的等效电阻。

U_{OC} 称为开路电压。R_0 称为戴维南等效电阻。在电子电路中，当单口网络视为电源时，常称此电阻为输出电阻，常用 R_0 表示。电压源 U_{OC} 和电阻 R_0 的串联单口网络，常称为戴维南等效电路。

当单口网络的端口电压和电流采用关联参考方向时，其端口电压电流关系方程可表为

$$U = IR_0 + U_{OC}$$

诺顿定理。任何一个线性有源网络，总可以用一个电流源与一个电阻的并联组合来等效代替，此电流源的电流 I_S 等于这个有源二端网络的短路电流 I_{SC}，其等效内阻 R_0 定义同戴维南定理。

U_{OC} 和 R_0 或者 I_{SC} 和 R_0 称为有源二端网络的等效参数。

（2）有源二端网络等效参数的测量方法。

① 开路电压、短路电流法测 R_0。

在有源二端网络输出端开路时，用电压表直接测其输出端的开路电压 U_{OC}，然后再将其输出端短路，用电流表测其短路电流 I_{SC}，则等效内阻为

$$R_0 = U_{\mathrm{OC}}/I_{\mathrm{SC}}$$

当有源二端网络的内阻很小时，若将其输出端口短路则易损坏其内部元件，因此不宜用此法。

② 伏安法测 R_0。

用电压表、电流表测出有源二端网络的外特性曲线，如图 8-1 所示。根据外特性曲线求出内阻为

$$R_0 = \Delta U/\Delta I = U_{\mathrm{OC}}/I_{\mathrm{SC}}$$

也可先测量开路电压 U_{OC}，再测量电流为额定值 I_{N} 时的输出端电压值 U_{N}，则内阻为

$$R_0 = (U_{\mathrm{OC}} - U_{\mathrm{N}})/I_{\mathrm{N}}$$

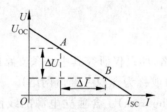

图 8-1　有源二端网络的外特性

③ 半电压法测 R_0。

如图 8-2 所示，当负载电压为被测网络开路电压的一半时，负载电阻（由电阻箱的读数确定）即为被测有源二端网络的等效内阻值。

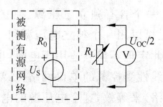

图 8-2　半电压法测 R_0

④ 零示法测 U_{OC}。

在测量具有高内阻有源二端网络的开路电压时，用电压表直接测量会造成较大的误差。为了消除电压表内阻的影响，往往采用零示测量法，如图 8-3 所示。

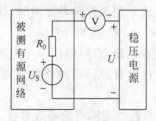

图 8-3　零示法测 U_{OC}

零示法测量原理是用一低内阻的稳压电源与被测有源二端网络进行比较,当稳压电源的输出电压与有源二端网络的开路电压相等时,电压表的读数将为零。然后将电路断开,测量此时稳压电源的输出电压,即为被测有源二端网络的开路电压。

三、实验设备

可调直流稳压电源	0~30V	一台
可调直流恒流源	0~500mA	一台
直流数字电压表	0~200V	一只
直流数字毫安表	0~2000mA	一只
万用表		一只
元件箱	TKDG-05	一挂箱
戴维南定理实验电路板	TKDG-05	一挂箱

四、实验内容与步骤

被测有源二端网络如图 8-4(a)所示。

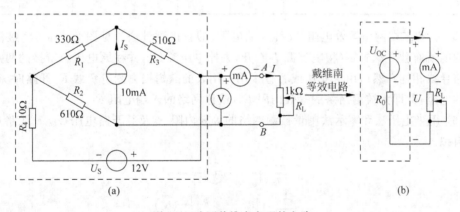

图 8-4 验证戴维南定理的电路

(1) 用开路电压、短路电流法测定戴维南等效电路的 U_{OC}、R_0 和诺顿等效电路的 I_{SC}、R_0。按图 8-4(a)接入稳压电源 $U_S=12V$ 和恒流源 $I_S=10mA$,不接入 R_L。测出 U_{OC} 和 I_{SC},并计算出 R_0,记录于表 8-1 中。

表 8-1

U_{OC}/V	I_{SC}/mA	$R_0=U_{OC}/I_{SC}/\Omega$

(2) 负载实验。

按图 8-4(a)接入 R_L。改变 R_L 的值,测量有源二端网络外特性曲线,记录于表 8-2 中。

表 8-2

U/V									
I/mA									

（3）验证戴维南定理。从电阻箱上取得按步骤（1）所得的等效电阻 R_0 之值，然后令其与直流稳压电源（调到步骤（1）时所测得的开路电压 U_{OC} 之值）相串联，如图 8-4(b) 所示，仿照步骤（2）测其外特性，记录于表 8-3 中对戴氏定理进行验证。

表 8-3

U/V									
I/mA									

（4）验证诺顿定理。从电阻箱上取得按步骤（1）所得的等效电阻 R_0 之值，然后令其与直流恒流源（调到步骤（1）时所测得的短路电流 I_{SC} 之值）相并联，如图 8-5 所示，仿照步骤（2）测其外特性，记录于表 8-4 中并对诺顿定理进行验证。

表 8-4

U/V									
I/mA									

（5）有源二端网络等效电阻（又称入端电阻）的直接测量法。见图 8-4(a)，将被测有源网络内的所有独立源置零（将电流源 I_S 断开，去掉电压源 U_S，并在原电压源所接的两点用一根短路导线相连），然后用伏安法或者直接用万用表的欧姆挡去测量负载 R_L 开路时 A、B 两点间的电阻，此即为被测网络的等效内阻 R_0，或称网络的入端电阻 R_I。

（6）用半电压法和零示法测量被测网络的等效内阻 R_0 及其开路电压 U_{OC}。线路及数据表格自拟。

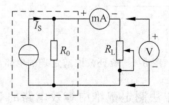

图 8-5　验证诺顿定理的电路

五、预习要求

说明测有源二端网络开路电压及等效内阻的几种方法，并比较其优缺点。

六、注意事项

（1）测量时应注意电流表量程的更换。

（2）步骤（5）中，电压源置零时不可将稳压源短接。

（3）用万用表直接测 R_0 时，网络内的独立源必须先置零，以免损坏万用表。另外，欧姆挡必须经调零后再进行测量。

（4）用零示法测量 U_{OC} 时，应先将稳压电源的输出调至接近于 U_{OC}，再按图 8-3 测量。

（5）改接线路时，要关掉电源。

七、思考题

在求戴维南或诺顿等效电路时，作短路试验，测 I_{SC} 的条件是什么？在本实验中可否直接作负载短路实验？请实验前对线路图 8-4(a) 做好计算，以便调整实验线路及测量时可准确地选取电表的量程。

八、实验报告

（1）根据步骤（2）～步骤（4），分别绘出曲线，验证戴维南定理和诺顿定理的正确性，并分析产生误差的原因。

（2）根据步骤（1）、步骤（5）、步骤（6）的几种方法测得的 U_{OC} 和 R_0 与预习时电路计算的结果作比较，你能得出什么结论？

（3）归纳、总结实验结果。

实验九　最大功率传输条件测定

一、实验目的

(1) 掌握负载获得最大传输功率的条件。
(2) 了解电源输出功率与效率的关系。

二、实验原理

1. 电源与负载功率的关系

图 9-1 可视为由一个电源向负载输送电能的模型，R_0 可视为电源内阻和传输线路电阻的总和，R_L 为可变负载电阻。

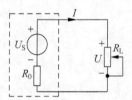

图 9-1　简单的电路模型

负载 R_L 上消耗的功率 P 可由下式表示。

$$P = I^2 R_L = \left(\frac{U_S}{R_0 + R_L} \right)^2 R_L$$

当 $R_L = 0$ 或 $R_L = \infty$ 时，电源输送给负载的功率均为零。而以不同的 R_L 值代入上式可求得不同的 P 值，其中必有一个 R_L 值，使负载能从电源处获得最大的功率。

2. 负载获得最大功率的条件

根据数学求最大值的方法，令负载功率表达式中的 R_L 为自变量，P 为应变量，并使 $dP/dR_L = 0$，即可求得最大功率传输的条件。

$$\frac{dP}{dR_L} = 0, \quad 即 \frac{dP}{dR_L} = \frac{[(R_0 + R_L)^2 - 2R_L(R_L + R_0)]U_S^2}{(R_0 + R_L)^4}$$

令 $(R_L + R_0)^2 - 2R_L(R_L + R_0) = 0$，解得 $R_L = R_0$。
当满足 $R_L = R_0$ 时，负载从电源获得的最大功率为

$$P_{max} = \left(\frac{U_S}{R_0 + R_L} \right)^2 R_L = \left(\frac{U_S}{2R_L} \right)^2 R_L = \frac{U_S^2}{4R_L}$$

这时,称此电路处于"匹配"工作状态。

3. 匹配电路的特点及应用

在电路处于"匹配"状态时,电源本身要消耗一半的功率。此时电源的效率只有 50%。显然,这对电力系统的能量传输过程是绝对不允许的。发电机的内阻是很小的,电路传输最主要的指标是要高效率送电,最好是 100% 的功率均传送给负载。为此负载电阻应远大于电源的内阻,即不允许运行在匹配状态。而在电子技术领域却完全不同。一般的信号源本身功率较小,且都有较大的内阻。而负载电阻(如扬声器等)往往是较小的数值,且希望能从电源获得最大的功率输出,而电源的效率往往不予考虑。通常设法改变负载电阻,或者在信号源与负载之间加阻抗变换器(如音频功放的输出级与扬声器之间的输出变压器),使电路处于工作匹配状态,以使负载能获得最大的输出功率。

三、实验设备

可调直流稳压电源	$0\sim30\text{V}$	一台
直流数字电压表	$0\sim200\text{V}$	一只
直流数字毫安表	$0\sim200\text{mA}$	一只
元件箱	TKDG-05	一挂箱

四、实验内容与步骤

(1) 按图 9-2 接线,负载 R_L 取自元件箱 TKDG-05 的电阻箱。

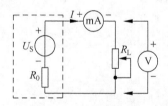

图 9-2　最大功率传输条件的测定电路

(2) 按表 9-1 所列内容,令 R_L 在 $0\sim1\text{k}\Omega$ 的范围内变化时,分别测出 U_O、U_L 及 I 的值,表中 U_O,P_O 分别为稳压电源的输出电压和功率,U_L、P_L 分别为 R_L 两端的电压和功率,I 为电路的电流。在 P_L 最大值附近应多测几点。

表　9-1

	R_L/Ω	
	U_O/V	
$U_S=12\text{V}$	U_L/V	
$R_0=200\Omega$	I/mA	
	P_O/V	
	P_L/V	

五、思考题

(1) 电力系统进行电能传输时为什么不能工作在匹配工作状态?

(2) 实际应用中,电源的内阻是否随负载而变?

(3) 电源电压的变化对最大功率传输的条件有无影响?

六、实验报告要求

(1) 整理实验数据,画出下列各关系曲线。$I \sim R_L$,$U_O \sim R_L$,$U_L \sim R_L$,$P_O \sim R_L$,$P_L \sim R_L$。

(2) 根据实验结果,说明负载获得最大功率的条件是什么?

实验十 受控源 VCVS、VCCS、CCVS、CCCS 的实验研究

一、实验目的

通过测试受控源的外特性及其转移参数,进一步理解受控源的物理概念,加深对受控源的认识和理解。

二、实验原理

(1) 电源有独立电源(如电池、发电机等)与非独立电源(或称为受控源)之分。受控源与独立源的不同点是:独立源向外电路提供的电压或电流是某一固定的数值或是时间的某一函数,它不随电路其余部分的状态而变。而受控源向外电路提供的电压或电流则是受电路中另一支路的电压或电流所控制的一种电源。受控源又与无源元件不同,无源元件两端的电压和它自身的电流有一定的函数关系,而受控源的输出电压或电流则和另一支路(或元件)的电流或电压有某种函数关系。

(2) 独立源与无源元件是二端器件,受控源则是四端器件,或称为双口元件。它有一对输入端(U_1、I_1)和一对输出端(U_2、I_2)。输入端可以控制输出端电压或电流的大小。施加于输入端的控制量可以是电压或电流,因而有两种受控电压源,即电压控制电压源(VCVS)和电流控制电压源(CCVS)和两种受控电流源,即电压控制电流源(VCCS)和电流控制电流源(CCCS)。它们的示意图如图 10-1 所示。

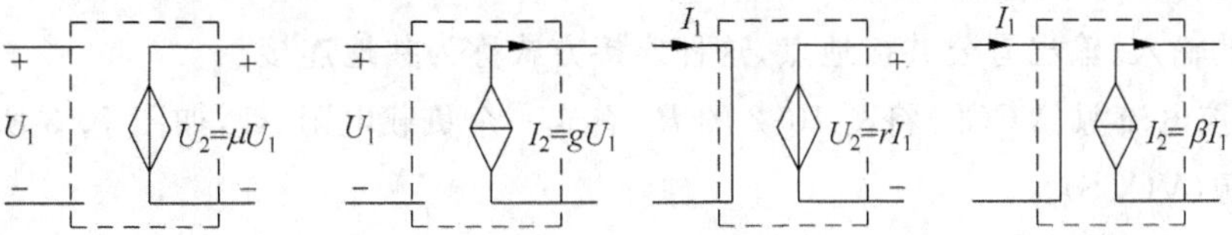

图 10-1 受控源

(3) 当受控源的输出电压(或电流)与控制支路的电压(或电流)成正比变化时,则称该受控源是线性的。理想受控源的控制支路中只有一个独立变量(电压或电流),另一个独立变量等于零,即从输入口看,理想受控源或者短路(即输入电阻 $R_1=0$,因而 $U_1=0$)或者开路(即输入电导 $G_1=0$,因而输入电流 $I_1=0$);从输出口看,理想受控源或是一个理想电压源或是一个理想电流源。

（4）受控源的控制端与受控端的关系式称为转移函数。

4 种受控源的转移函数参量的定义如下。

（1）压控电压源（VCVS）。$U_2 = f(U_1)$，$\mu = U_2/U_1$ 称为转移电压比（或电压增益）。

（2）压控电流源（VCCS）。$I_2 = f(U_1)$，$g = I_2/U_1$ 称为转移电导。

（3）流控电压源（CCVS）。$U_2 = f(I_1)$，$r = U_2/I_1$ 称为转移电阻。

（4）流控电流源（CCCS）。$I_2 = f(I_1)$，$\beta = I_2/I_1$ 称为转移电流比（或电流增益）。

（5）用运放构成 4 种类型基本受控源的线路原理分析。

① 压控电压源（VCVS）如图 10-2 所示。

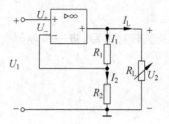

图 10-2　压控电压源（VCVS）

由于运放的虚短路特性，有

$$U_+ = U_- = U_1 \quad I_2 = \frac{U_-}{R_2} = \frac{U_1}{R_2}$$

又因运放的输入电阻为 ∞，故有 $I_1 = I_2$。

因此 $U_2 = I_1 R_1 + I_2 R_2 = I_2(R_1 + R_2) = \dfrac{U_1}{R_2}(R_1 + R_2) = \left(1 + \dfrac{R_1}{R_2}\right)U_1$

即运放的输出电压 U_2 只受输入电压 U_1 的控制，与负载 R_L 大小无关。电路模型如图 10-1(a) 所示。

转移电压比　$\mu = \dfrac{U_2}{U_1} = 1 + \dfrac{R_1}{R_2}$

μ 无量纲，又称为电压放大系数。

这里的输入、输出有公共接地点，这种连接方式称为共地连接。

② 压控电流源（VCCS）将图 10-2 的 R_1 看成一个负载电阻 R_L，如图 10-3 所示，即成为压控电流源（VCCS）。

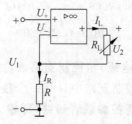

图 10-3　压控电流源（VCCS）

此时,运放的输出电流为

$$I_L = I_R = \frac{U_-}{R} = \frac{U_1}{R}$$

即运放的输出电流 I_L 只受输入电压 U_1 的控制,与负载 R_L 大小无关。电路模型如图 10-1(b)所示。

转移电导　　$g = \dfrac{I_L}{U_1} = \dfrac{1}{R}$

这里的输入、输出无公共接地点,这种连接方式称为浮地连接。

③ 流控电压源(CCVS)如图 10-4 所示。

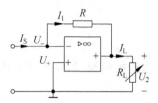

图 10-4　流控电压源(CCVS)

由于运放的"+"端接地,所以 $U_+ = 0$,"-"端电压 U_- 也为零,此时运放的"-"端称为虚地点。显然,流过电阻 R 的电流 I_1 就等于网络的输入电流 I_S。

此时,运放的输出电压 $U_2 = -I_1 R = -I_S R$,即输出电压 U_2 只受输入电流 I_S 的控制,与负载 R_L 的大小无关。电路模型如图 10-1(c)所示。

转移电阻　　$r = \dfrac{U_2}{I_S} = R$

此电路为共地连接。

④ 流控电流源(CCCS)如图 10-5 所示。

$$U_a = -I_2 R_2 = -I_1 R_1$$

$$I_L = I_1 + I_2 = I_1 + \frac{R_1}{R_2} I_1 = \left(1 + \frac{R_1}{R_2}\right) I_1 = \left(1 + \frac{R_1}{R_2}\right) I_S$$

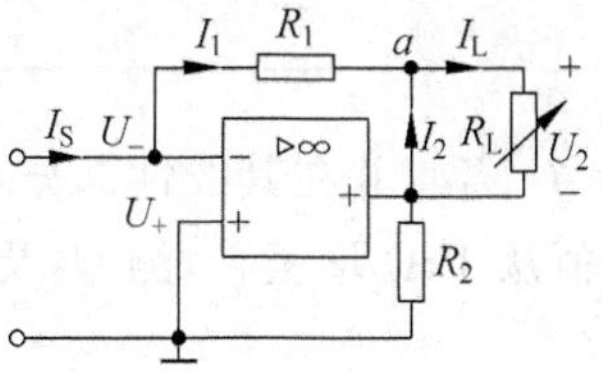

图 10-5　流控电流源

即输出电流 I_L 只受输入电流 I_S 的控制,与负载 R_L 的大小无关。电路模型如图 10-1(d)所示。

转移电流比　　$\beta = \dfrac{I_L}{I_S} = \left(1 + \dfrac{R_1}{R_2}\right)$

β 无量纲,又称为电流放大系数。此电路为浮地连接。

三、实验设备

可调直流稳压电源	0～30V	一台
可调直流恒流源	0～500mA	一台
直流数字电压表	0～200V	一只
直流数字毫安表	0～2000mA	一只
元件箱	TKDG-05	一挂箱

四、实验内容与步骤

本次实验中受控源全部采用直流电源激励,对于交流电源或其他电源激励,实验结果是一样的。

(1) 测量受控源 VCVS 的转移特性 $U_2 = f(U_1)$ 及负载特性 $U_2 = f(I_L)$。

实验线路如图 10-6 所示,U_1 用可调直流稳压电源。

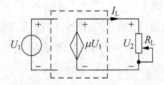

图 10-6　受控源 VCVS

① 固定 $R_L = 2k\Omega$,调节稳压电源输出电压 U_1,使其在 0～8V 的范围内取值。测量 U_1 及相应的 U_2 值,记录数据于表 10-1 中。

表　10-1

U_1/V						
U_2/V						

绘制电压转移特性曲线 $U_2 = f(U_1)$,并在其线性部分求出转移电压比 μ。

② 保持 $U_1 = 4V$,调节 R_L 阻值从 $1k\Omega$ 增至 ∞,测 U_2 及 I_L,记录数据于表 10-2 中,绘制负载特性曲线 $U_2 = f(I_L)$。

表　10-2

$R_L/k\Omega$						
U_2/V						
I_L/mA						

(2) 测量受控源 VCCS 的转移特性 $I_L = f(U_1)$ 及负载特性 $I_L = f(U_2)$。

实验线路如图 10-7 所示,U_1 用可调直流稳压电源。

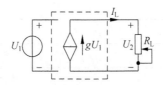

图 10-7　受控源 VCCS

① 固定 $R_L = 2k\Omega$，调节稳压电源的输出电压 U_1，使其在 $0 \sim 8V$ 的范围内取值。测出相应的 I_L 值，记录数据于表 10-3 中，绘制 $I_L = f(U_1)$ 曲线，并由其线性部分求出转移电导 g。

表　10-3

U_1/V	
I_L/mA	

② 保持 $U_1 = 4V$，令 R_L 从 0 增至 $10k\Omega$，测出相应的 I_L 及 U_2，记录数据于表 10-4 中，绘制 $I_L = f(U_2)$ 曲线。

表　10-4

$R_L/k\Omega$	
I_L/mA	
U_2/V	

(3) 测量受控源 CCVS 的转移特性 $U_2 = f(I_1)$ 与负载特性 $U_2 = f(I_L)$。

实验线路如图 10-8 所示，I_S 用可调直流恒流源。

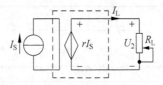

图 10-8　受控源 CCVS

① 固定 $R_L = 2k\Omega$，调节恒流源的输出电流 I_S，使其在 $0 \sim 8mA$ 的范围内取值。测出 U_2，记录数据于表 10-5 中，绘制 $U_2 = f(I_1)$ 曲线，并由其线性部分求出转移电阻 r。

表　10-5

I_1/mA	
U_2/V	

② 保持 $I_S = 3mA$，令 R_L 从 $1k\Omega$ 增至 ∞，测出 U_2 及 I_L，记录数据于表 10-6 中，绘制负载特性曲线 $U_2 = f(I_L)$。

表 10-6

$R_L/\mathrm{k\Omega}$	
U_2/V	
I_L/mA	

（4）测量受控源 CCCS 的转移特性 $I_L = f(I_S)$ 及负载特性 $I_L = f(U_2)$，实验线路如图 10-9 所示。

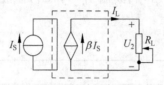

图 10-9　受控源 CCCS

① 固定 $R_L = 2\mathrm{k\Omega}$，调节恒流源的输出电流 I_S，使其在 $0\sim 8\mathrm{mA}$ 的范围内取值，测量 I_L 值，记录数据于表 10-7 中，绘制 $I_L = f(I_S)$ 曲线，并由其线性部分求出转移电流比 β。

表 10-7

I_S/mA	
I_L/mA	

② 保持 $I_S = 1\mathrm{mA}$，令 R_L 从 0 增至 $4\mathrm{k\Omega}$，测量 I_L 及 U_2 值，记录数据于表 10-8 中，绘制 $I_L = f(U_2)$ 曲线。

表 10-8

$R_L/\mathrm{k\Omega}$	
I_L/mA	
U_2/V	

五、注意事项

（1）每次组装线路，必须事先断开供电电源，但不必关闭电源总开关。

（2）在用恒流源供电的实验中，不要使恒流源的负载开路。

六、思考题

（1）受控源和独立源相比有何异同点？4 种受控源的代号、电路模型、控制量与被控量的关系如何？

（2）4 种受控源中的 r、g、β 和 μ 的意义是什么？如何测得？

（3）若受控源控制量的极性反向，试问其输出极性是否发生变化？

（4）受控源的控制特性是否适合于交流信号？

（5）如何由两个基本的 CCVS 和 VCCS 获得其他两个 CCCS 和 VCVS，它们的输入、输出如何连接？

（6）可否对如图 10-4 及图 10-3 所示的 CCVS 及 VCCS 进行级联？为什么？

七、实验报告要求

（1）根据实验数据，分别绘出 4 种受控源的转移特性和负载特性曲线，并求出相应的转移参量。

（2）对预习思考题做必要的回答。

（3）对实验的结果做出合理的分析和结论，总结对 4 种受控源的认识和理解。

八、知识扩展

介绍一例共地连接 VCCS 电路，该电路如图 10-10 所示。

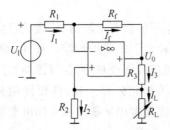

图 10-10　共地连接 VCCS 电路

在如图 10-10 所示的电路中，若取 $R_1 = R_2 = R_3 = R_f = R$，则

$$I_L = -\frac{U_I}{R}$$

实验十一 典型电信号的观察与测量

一、实验目的

（1）熟悉函数信号发生器各旋钮、开关的作用及其使用方法。

（2）初步掌握实验仪器——示波器、函数信号发生器、交流毫伏表、频率计等的主要技术指标、性能及正确使用方法。

（3）初步掌握用双踪示波器观察电信号波形和测量与读取波形参数的方法。

二、实验原理

在电路实验中，常使用的电子仪器有示波器、函数信号发生器、直流稳压电源、交流毫伏表及频率计等。实验中要对各种电子仪器进行综合使用，可按照信号流向，以连线简捷、调节顺手、观察与读数方便等原则进行合理布局，各仪器与被测实验装置之间的布局与连接如图 11-1 所示。接线时应注意，为防止外界干扰，各仪器的公共接地端应连接在一起，称共地。信号源和交流毫伏表的引线通常用屏蔽线或专用电缆线，示波器接线使用专用电缆线，直流电源的接线用普通导线。

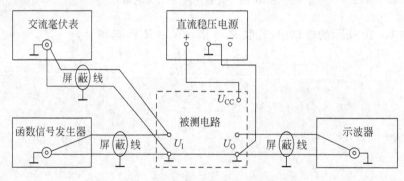

图 11-1　实验中常用电子仪器布局图

1. 示波器

DS5000 数字存储示波器为用户提供简单而功能明晰的前面板，以进行基本的操作。面板上包括旋钮和功能按键。旋钮的功能与其他示波器类似。显示屏右侧一列的 5 个灰色按键为菜单操作键（自上而下定义为 1～5 号）。通过它们，可以设置当前菜单的不同选项。其他按键（包括彩色按键）为功能键，通过它们，可以进入不同的功能菜单或直接获得特定的功能应用。

DS5000 数字存储示波器的面板操作说明图如图 11-2 所示。

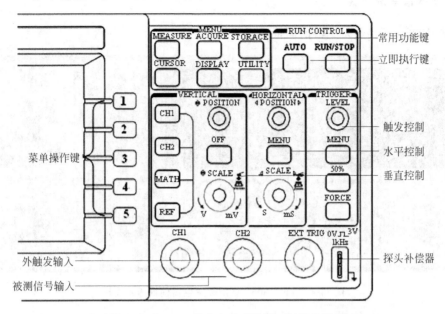

图 11-2　DS5000 数字存储示波器面板操作说明

DS5000 数字存储示波器显示界面如图 11-3 所示,功能键的标识用带中括号([ ])的文字来表示,如[MEASURE],代表前面板上的一个上方标注着 MEASURE 文字的灰色功能键。与其类似,菜单操作键的标识用带阴影的文字表示,如交流表示 MEASURE(自动测量)菜单中的耦合方式选项。

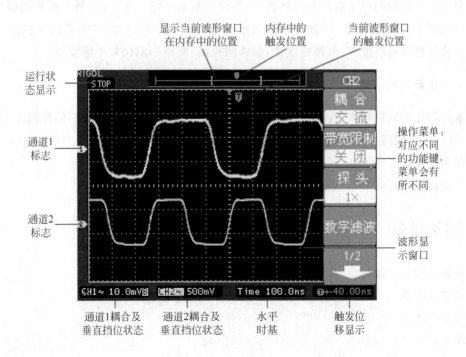

图 11-3　显示界面说明图

2. 函数信号发生器

TFG1905B 型函数发生器前面板示意图如图 11-4 所示。

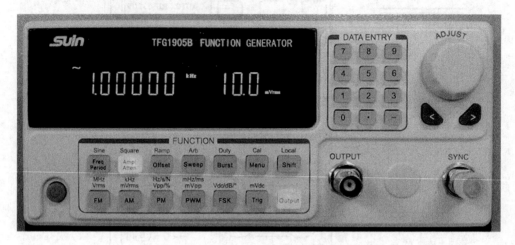

图 11-4　TFG1905B 型函数发生器前面板示意图

TFG1905B 型函数发生器面板上有 14 个功能键,12 个数字键,2 个左右方向键以及一个手轮。其操作方法参考附录 B TFG1905B 型函数发生器。

3. 交流毫伏表

交流毫伏表只能在其工作频率范围之内,用来测量正弦交流电压的有效值。本系列毫伏表采用单片机控制技术和液晶点阵技术,集模拟与数字技术于一体,是一种通用型智能化的全自动数字交流毫伏表。适用于测量频率 5Hz~2MHz,电压 0~300V 的正弦波有效值电压。它具有测量精度高,测量速度快,输入阻抗高,频率影响误差小等优点。

4. 6 位数显频率计

本频率计的测量频率范围为 1Hz~10MHz,最大峰峰值为 20V,由 6 位共阴极 LED 数码管予以显示,闸门时基 1s,灵敏度 35mV(1~500kHz)// 100mV(500kHz~10MHz);测频精度为万分之二(10MHz)。

先开启电源开关,再开启频率计的开关,频率计即进入待测状态。

三、实验设备

函数信号发生器　　　　　　　　一台
双踪示波器　　　　　　　　　　一台
交流毫伏表　　　　　　　　　　一只
频率计　　　　　　　　　　　　一只

四、实验内容

1. 用机内校正信号对示波器进行自检

1) 示波器接入信号

（1）用示波器探头将信号接入通道 CH1（如图 11-5 所示）将探头上的开关设定为×1（如图 11-6 所示）并将示波器探头与通道 CH1 连接。将探头连接器上的插槽对准 CH1 同轴电缆插接件（BNC）上的插口并插入，然后向右旋转以拧紧探头。

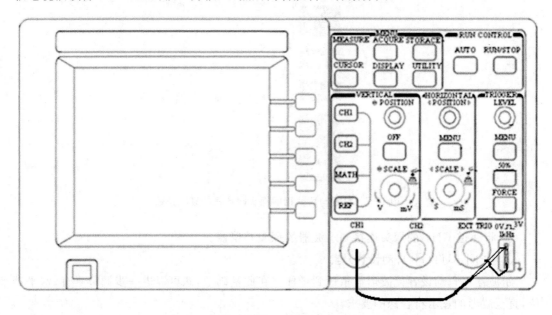

图 11-5　用示波器探头将信号接入通道 CH1

图 11-6　将探头上的开关设定为×1

（2）示波器需要输入探头衰减系数。此衰减系数改变仪器的垂直挡位比例，从而使得测量结果正确反映被测信号的电平（默认的探头菜单衰减系数设定值为×1）。设置探头衰减系数的方法如下。按［CH1］功能键显示通道 CH1 的操作菜单，应用与探头项目平行的 3 号菜单操作键，选择与您使用的探头同比例的衰减系数，此时设定应为×1。

（3）把探头端部和接地夹接到探头补偿器的连接器上，按［AUTO］（自动设置）键。几秒钟内，可见到方波显示（1kHz，约 3V，峰到峰）。

（4）以同样的方法检查通道 CH2。按［OFF］功能键以关闭通道 CH1，按［CH2］功能键以打开通道 CH2，重复步骤（2）和步骤（3）。

2）测试"校正信号"波形的幅度、频率

（1）欲迅速显示"校正信号"信号，请按如下步骤操作。

① 将探头菜单衰减系数设定为 1X（如图 11-7 所示），并将探头上的开关设定为×1（如图 11-6 所示）。

图 11-7　设置与所使用的探头同比例的衰减系数

② 将通道 CH1 的探头连接到示波器的探头补偿器。

③ 按下［AUTO］（自动设置）键。

示波器将自动设置使波形显示达到最佳。在此基础上，您可以进一步调节垂直、水平挡位，直至波形的显示符合您的要求。

（2）进行自动测量。示波器可对大多数显示信号进行自动测量。欲测量信号频率和峰峰值，请按如下步骤操作。

① 测量峰峰值。

按下［MEASURE］按钮以显示自动测量菜单。

按下 1 号菜单操作键以选择信源CH1。

按下 2 号菜单操作键选择测量类型电压测量。

按下 2 号菜单操作键选择测量参数峰峰值。

此时，您可以在屏幕左下角发现峰峰值的显示，记入表 11-1 中。

② 测量频率。

按下 3 号菜单操作键选择测量类型时间测量。

按下 2 号菜单操作键选择测量参数频率。

此时，您可以在屏幕下方发现频率的显示，记入表 11-1 中。

注意：将输入耦合方式置于"交流"或"直流"，调节水平 SCALE 旋钮改变 s/div（秒/格）水平挡位，使示波器显示屏上显示出一个或数个周期稳定的方波波形。

测量结果在屏幕上的显示会因为被测信号的变化而改变。

表　11-1

	标　准　值	实　测　值
幅度 U_{p-p}/V		
频率 f/kHz		
上升沿时间/μs		
下降沿时间/μs		

注：不同型号的示波器的标准值有所不同(DS5000 数字存储示波器 $f=1\mathrm{kHz}, U_{p-p}=3\mathrm{V}$)，请按所使用的示波器将标准值填入表格中。

3）测量"校正信号"的上升时间和下降时间

按［MEASURE］自动测量功能键，系统显示自动测量操作菜单（如图 11-8 所示）。

按下 3 号菜单操作键选择测量类型时间测量。

按下 4 号菜单操作键选择测量参数上升时间（见图 11-9）。

按下 5 号菜单操作键选择测量参数下降时间（见图 11-9）。

图 11-8　自动测量操作菜单　　　　图 11-9　上升时间和下降时间的测量

此时，可以在屏幕下方发现上升时间和下降时间的显示，记入表 11-1 中。

2. 用示波器和交流毫伏表测量信号参数

调节函数信号发生器有关旋钮，使输出频率分别为 100Hz、1kHz、10kHz、100kHz，有效值均为 1V（交流毫伏表测量值）的正弦波信号。

先调节示波器的水平 SCALE 旋钮改变 s/div（秒/格）水平挡位，再调节示波器的垂直 SCALE 旋钮改变 V/div（伏/格）垂直挡位等位置，测量出信号源输出电压频率及峰峰值，记入表 11-2 中。

表　11-2

信号电压频率	示波器测量值		信号电压毫伏表读数/V	示波器测量值	
	周期/ms	频率/Hz		峰峰值/V	有效值/V
100Hz					
1kHz					
10kHz					
100kHz					

3. 测量两波形间的相位差

用双踪显示测量两波形间的相位差。

(1) 按图 11-10 连接实验电路,将函数信号发生器的输出电压调至频率为 1kHz,幅值为 2V 的正弦波,经 RC 移相网络获得频率相同但相位不同的两路信号 U_I 和 U_R,分别加到双踪示波器 CH1 和 CH2 的输入端。设置探头和示波器通道的探头衰减系数为 1X。将示波器 CH1 通道与电路信号输入端相接,CH2 通道则与输出端相接。

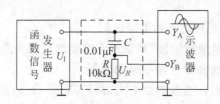

图 11-10　两波形间相位差测量电路

(2) 显示 CH1 通道和 CH2 通道的信号。

按下[AUTO](自动设置)按钮。继续调整水平、垂直挡位直至波形显示满足您的测试要求。

按[CH1]按键选择通道 1,旋转垂直(VERTICAL)区域的垂直 POSITION 旋钮调整通道 CH1 波形的垂直位置。

按[CH2]按键选择通道 CH2,如前操作,调整通道 CH2 波形的垂直位置。使通道 CH1、CH2 的波形既不重叠在一起,又利于观察比较。

(3) 测量正弦信号通过电路后产生的延时,并观察波形的变化。

① 自动测量通道延时。

按下[MEASURE]按钮以显示自动测量菜单。

按下 1 号菜单操作键以选择信源CH1。

按下 3 号菜单操作键选择时间测量。

按下 1 号菜单操作键选择测量类型分页时间测量 3-3。

按下 2 号菜单操作键选择测量类型延迟 1->2 。

此时,可以在屏幕左下角发现通道 CH1、CH2 在上升沿的延时(相位差)数值显示。

② 观察波形的变化(见图 11-11)。

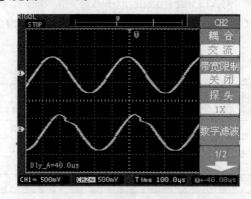

图 11-11　两波形相位差及畸变示意图

两波形相位差计算公式为 $\theta = \dfrac{X(\mathrm{div})}{X_T(\mathrm{div})} \times 360°$

式中，X_T 为一周期所占格数，X 为两波形在 X 轴方向的差距格数。

记录两波形相位差于表 11-3。

表　11-3

一周期格数	两波形 X 轴差距格数	相　位　差	
		实测值	计算值
$X_T =$	$X =$	$\theta =$	$\theta =$

五、预习要求

(1) 阅读实验中有关示波器部分的内容。

(2) 已知 $C = 0.01\mu\mathrm{F}$、$R = 10\mathrm{k}\Omega$，计算图 11-10 RC 移相网络的阻抗角 θ。

六、注意事项

(1) 函数信号发生器的输出不能短路。

(2) 注意频率计的测量频率和电压范围。

七、思考题

(1) 如何操纵示波器有关旋钮，以便从示波器显示屏上观察到稳定、清晰的波形？

(2) 函数信号发生器有哪几种输出波形？它的输出端能否短接，如用屏蔽线作为输出引线，则屏蔽层一端应该接在哪个接线柱上？

(3) 交流毫伏表用来测量正弦波电压还是非正弦波电压？它显示的值是被测信号的什么数值？它是否可以用来测量直流电压的大小？

八、实验报告

整理实验数据，并进行分析。

实验十二　　*RC* 一阶电路的响应测试

一、实验目的

(1) 测定 *RC* 一阶电路的零输入响应、零状态响应及完全响应。
(2) 学习电路时间常数的测量方法。
(3) 掌握有关微分电路和积分电路的概念。
(4) 进一步学会用示波器观测波形。

二、实验原理

(1) 动态网络的过渡过程是十分短暂的单次变化过程。要用普通示波器观察过渡过程和测量有关的参数,就必须使这种单次变化的过程重复出现。为此,我们利用信号发生器输出的方波来模拟阶跃激励信号,即利用方波输出的上升沿作为零状态响应的正阶跃激励信号;利用方波的下降沿作为零输入响应的负阶跃激励信号。只要选择方波的重复周期远大于电路的时间常数 τ,那么电路在这样的方波序列脉冲信号的激励下,它的响应就和直流电接通与断开的过渡过程是基本相同的。

(2) 如图 12-1(b)所示的 *RC* 一阶电路的零输入响应和零状态响应分别按指数规律衰减和增长,其变化的快慢决定于电路的时间常数 τ。

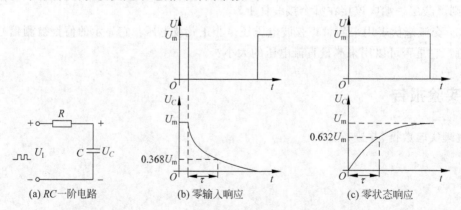

图 12-1　*RC* 一阶电路及其零输入响应、零状态响应

(3) 时间常数 τ 的测定方法。

用示波器测量零输入响应的波形如图 12-1(b)所示。

根据一阶微分方程的求解得知 $U_C = U_\mathrm{m} e^{-t/RC} = U_\mathrm{m} e^{-t/\tau}$。当 $t = \tau$ 时,$U_C(\tau) = 0.368 U_\mathrm{m}$。

此时所对应的时间就等于 τ。也可用零状态响应波形增加到 $0.632U_m$ 所对应的时间测得，如图 12-1(c) 所示。

(4) 微分电路和积分电路是 RC 一阶电路中较典型的应用电路。它对电路元件参数和输入信号的周期有着特定的要求。一个简单的 RC 串联电路，在方波序列脉冲的重复激励下，当满足 $\tau = RC \ll \dfrac{T}{2}$ 时（T 为方波脉冲的重复周期），且由 R 两端的电压作为响应输出，则该电路就是一个微分电路。因为此时电路的输出信号电压与输入信号电压的微分成正比，如图 12-2(a) 所示。利用微分电路可以将方波转变成尖脉冲。

若将图 12-2(a) 中的 R 与 C 位置调换一下，如图 12-2(b) 所示，由 C 两端的电压作为响应输出，且当电路的参数满足 $\tau = RC \gg \dfrac{T}{2}$ 时，该 RC 电路称为积分电路。因为此时电路的输出信号电压与输入信号电压的积分成正比。利用积分电路可以将方波转变成三角波。微分电路和积分电路的输入、输出关系如图 12-3 所示。

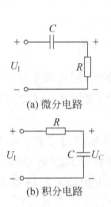

(a) 微分电路

(b) 积分电路

图 12-2 RC 一阶电路的典型应用电路

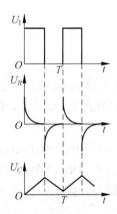

图 12-3 微分电路和积分电路的输入、输出关系

从输入、输出波形来看，上述两个电路均起着波形变换的作用，请在实验过程仔细观察并记录。

三、实验设备

函数信号发生器		一台
双踪示波器		一台
动态电路实验板	TKDG-03	一挂箱

四、实验内容与步骤

实验线路板的器件组件，如图 12-4 所示，请认清 R、C 元件的布局及其标称值，各开关的通断位置等。

(1) 从电路板上选 $R = 10\text{k}\Omega$，$C = 6800\text{pF}$ 组成如图 12-2(b) 所示的 RC 充放电电路。

U_1为函数信号发生器输出的$U_m=3V_{P-P}$、$f=1kHz$的方波电压信号,并通过两根同轴电缆线,将激励源U_1和响应U_C的信号分别连至示波器的两个输入口 Y_A 和 Y_B。这时可在示波器的屏幕上观察到激励与响应的变化规律,测算时间常数τ,并用方格纸按 1∶1 的比例描绘波形。

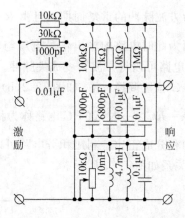

图 12-4　动态电路、选频电路实验板

　　少量地改变电容值或电阻值,定性地观察对响应的影响,记录观察到的现象。

　　(2) 令 $R=10k\Omega$,$C=0.1\mu F$,观察并描绘响应的波形,继续增大 C 之值,定性地观察对响应的影响。

　　(3) 令 $C=0.01\mu F$,$R=100\Omega$,组成如图 12-2(a)所示的微分电路。在同样的方波激励信号($U_m=3V_{P-P}$,$f=1kHz$)作用下,观测并描绘激励与响应的波形。增减 R 之值,定性地观察对响应的影响,并作记录。当 R 增至 $1M\Omega$ 时,输入、输出波形有何本质上的区别?

五、预习要求

　　(1) 熟读仪器使用说明,准备方格纸。

　　(2) 已知 RC 一阶电路 $R=10k\Omega$,$C=0.1\mu F$,试计算时间常数 τ,并根据 τ 值的物理意义,拟定测量 τ 的方案。

六、注意事项

　　(1) 调节电子仪器各旋钮时,动作不要过快、过猛。实验前,需熟读双踪示波器的使用说明书。观察双踪时,要特别注意相应开关、旋钮的操作与调节。

　　(2) 信号源的接地端与示波器的接地端要连在一起(称共地),以防外界干扰而影响测量的准确性。

　　(3) 示波器的辉度不应过亮,尤其是光点长期停留在荧光屏上不动时,应将辉度调暗,以延长示波管的使用寿命。

七、思考题

（1）什么样的电信号可作为 *RC* 一阶电路零输入响应、零状态响应和完全响应的激励源？

（2）什么是积分电路和微分电路，它们必须具备什么条件？它们在方波序列脉冲的激励下，其输出信号波形的变化规律如何？这两种电路有何功用？

八、实验报告要求

（1）根据实验观测结果，在方格纸上绘出 *RC* 一阶电路充放电时 U_c 的变化曲线，由曲线测得 τ 值，并与参数值的计算结果作比较，分析误差原因。

（2）根据实验观测结果，归纳、总结积分电路和微分电路的形成条件，阐明波形变换的特征。

实验十三　二阶动态电路响应的研究

一、实验目的

（1）测试二阶动态电路的零状态响应和零输入响应，了解电路元件参数对响应的影响。

（2）观察、分析二阶电路响应的三种状态轨迹及其特点，以加深对二阶电路响应的认识与理解。

二、实验原理

一个二阶电路在方波正、负阶跃信号的激励下，可获得零状态与零输入响应，其响应的变化轨迹取决于电路的固有频率。当调节电路的元件参数值，使电路的固有频率分别为负实数、共轭复数及虚数时，可获得单调衰减、衰减振荡和等幅振荡的响应。在实验中可获得过阻尼、欠阻尼和临界阻尼这三种响应图形。

简单而典型的二阶电路是一个 RLC 串联电路和 GCL 并联电路，这两者之间存在着对偶关系。本实验仅对 GCL 并联电路进行研究。

三、实验设备

函数信号发生器		一台
双踪示波器		一台
动态实验电路板	TKDG-03	一挂箱

四、实验内容与步骤

动态电路实验板与实验十二相同，如图 12-4 所示。利用动态电路板中的元件与开关的配合作用，组成如图 13-1 所示的 GCL 并联电路。

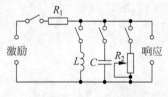

图 13-1　GCL 并联电路

令 $R_1=10\text{k}\Omega$，$L=4.7\text{mH}$，$C=1000\text{pF}$，R_2 为 $10\text{k}\Omega$ 可调电阻。令脉冲信号发生器的输出为 $U_m=1.5\text{V}$，$f=1\text{kHz}$ 的方波脉冲，通过同轴电缆接至图中的激励端，同时用同轴电缆将激励端和响应输出接至双踪示波器的 Y_A 和 Y_B 两个输入口。

（1）调节可变电阻器 R_2 之值，观察二阶电路的零输入响应和零状态响应由过阻尼过渡到临界阻尼，最后过渡到欠阻尼的变化过程，分别定性地描绘、记录响应的典型变化波形。

（2）调节 R_2 使示波器荧光屏上呈现稳定的欠阻尼响应波形，定量测定此时电路的衰减常数 α 和振荡频率 ω_d。

（3）改变一组电路参数，如增、减 L 或 C 之值，重复步骤（2）的测量，并记录数据于表 13-1 中。随后仔细观察，改变电路参数时，ω_d 与 α 的变化趋势。

表　13-1

电路参数 实验次数	元 件 参 数				测 量 值	
	R_1	R_2	L	C	α	ω_d
1	$10\text{k}\Omega$		4.7mH	1000pF		
2	$10\text{k}\Omega$	调至某一次 欠阻尼状态	4.7mH	$0.01\mu\text{F}$		
3	$30\text{k}\Omega$		4.7mH	$0.01\mu\text{F}$		
4	$10\text{k}\Omega$		10mH	$0.01\mu\text{F}$		

五、预习要求

根据二阶电路实验电路元件的参数，计算出处于临界阻尼状态的 R_2 之值。

六、注意事项

（1）调节 R_2 时，要细心、缓慢，临界阻尼要找准。

（2）观察双踪时，显示要稳定，如不同步，则可采用外同步法触发（看示波器说明）。

七、思考题

在示波器荧光屏上，如何测得二阶电路零输入响应欠阻尼状态的衰减常数 α 和振荡频率 ω_d？

八、实验报告

（1）根据观测结果，在方格纸上描绘二阶电路过阻尼、临界阻尼和欠尼的响应波形。

（2）测算欠阻尼振荡曲线上的 α 与 ω_d。

（3）归纳、总结电路元件参数的改变对响应变化趋势的影响。

实验十四　R、L、C元件阻抗特性的测定

一、实验目的

(1) 验证电阻、感抗、容抗与频率的关系,测定 $R\sim f$、$X_L\sim f$ 及 $X_C\sim f$ 特性曲线。

(2) 加深理解 R、L、C 元件端电压与电流间的相位关系。

二、实验原理

(1) 在正弦交变信号作用下,R、L、C 电路元件在电路中的抗流作用与信号的频率有关,它们的阻抗频率特性 $R\sim f$、$X_L\sim f$、$X_C\sim f$ 曲线如图 14-1 所示。

(2) 单一参数 R、L、C 阻抗频率特性的测量电路如图 14-2 所示。

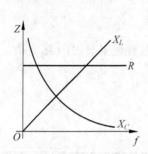

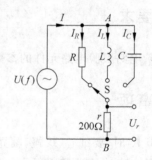

图 14-1　单一参数元件阻抗频率特性　　　图 14-2　元件阻抗频率特性测量电路

图中 R、L、C 为被测元件,r 为电流取样电阻。改变信号源频率,测量 R、L、C 元件两端电压 U_R、U_L、U_C,流过被测元件的电流则可由 r 两端电压除以 r 得到。

(3) 元件的阻抗角(即相位差 φ)随输入信号的频率变化而改变,将各个不同频率下的相位差画在以频率 f 为横坐标、阻抗角 φ 为纵坐标的坐标纸上,并用光滑的曲线连接这些点,即得到阻抗角的频率特性曲线。用双踪示波器测量阻抗角的方法如图 14-3 所示。

从荧光屏上数得一个周期占 n 格,相位差占 m 格,则实际的相位差 φ(阻抗角)为

$$\varphi = \frac{m}{n} \times 360°$$

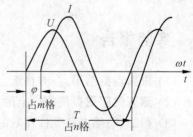

图 14-3　双踪示波器测量阻抗角

三、实验设备

函数信号发生器	一台
交流毫伏表	一只
双踪示波器	一台
实验线路元件　　　TKDG-05：$R=1\text{k}\Omega,r=200\Omega,C=1\mu\text{F},L$ 约 10mH	一挂箱

四、实验内容

（1）测量 R、L、C 元件的阻抗频率特性。

通过电缆线将函数信号发生器输出的正弦信号接至如图 14-2 所示的电路，作为激励源 U，并用交流毫伏表测量，使激励电压的有效值 $U=3\text{V}$，并在实验过程中保持不变。使信号源的输出频率从 200Hz 逐渐增至 5kHz 左右，并使开关 S 分别接通 R、L、C 三个元件，用交流毫伏表分别测量 U_R、U_r；U_L、U_r；U_C、U_r，并通过计算得到各频率点时的 R、X_L 与 X_C 之值，记入表 14-1 中。

表　14-1

频率 f/Hz		
R	U_R/V	
	U_r/V	
	$I_R=U_r/r/\text{mA}$	
	$R=U_R/I_R/\text{k}\Omega$	
L	U_L/V	
	U_r/V	
	$I_L=U_r/r/\text{mA}$	
	$X_L=U_L/I_L/\text{k}\Omega$	
C	U_C/V	
	U_r/V	
	$I_C=U_r/r/\text{mA}$	
	$X_C=U_C/I_C/\text{k}\Omega$	

注意：在接通 C 测试时信号源频率应控制在 $200\sim2500\text{Hz}$。

（2）用双踪示波器观察 rL 串联和 rC 串联电路在不同频率下阻抗角的变化情况，按图 14-3 记录 n 和 m，算出 φ，自拟表格并做记录。

五、注意事项

（1）建议采用浮地式交流毫伏表。

（2）测 φ 时，示波器的 V/div 和 t/div 的微调旋钮应旋置"校准位置"。

六、思考题

(1) 图 14-2 中流过各元件的电流如何求得？

(2) 怎样用双踪示波器观察 rL 串联和 rC 串联电路阻抗角的频率特性？

七、实验报告要求

(1) 根据实验数据，在方格纸上绘制 R、L、C 三个元件的阻抗频率特性曲线，从中可得出什么结论？

(2) 根据实验数据，在方格纸上绘制 rL 串联、rC 串联电路的阻抗角频率特性曲线，并总结、归纳出结论。

实验十五 用三表法测量电路等效参数

一、实验目的

(1) 学会用交流电压表、交流电流表和功率表测量元件的交流等效参数的方法。

(2) 学会功率表的接法和使用。

二、实验原理

(1) 正弦交流信号激励下的元件值或阻抗值,可以用交流电压表、交流电流表及功率表分别测量出元件两端的电压 U、流过该元件的电流 I 和它所消耗的功率 P,然后通过计算得到所求的各值,这种方法称为三表法,是用于测量 50 Hz 交流电路参数的基本方法,计算的基本公式如下。

$$阻抗的模 |Z| = \frac{U}{I} \quad 电路的功率因数 \cos\varphi = \frac{P}{UI}$$

$$等效电阻 R = \frac{P}{I^2} = |Z|\cos\varphi \quad 等效电抗 X = |Z|\sin\varphi$$

$$或 X = X_L = 2\pi fL, \quad X = X_C = \frac{1}{2\pi fC}$$

(2) 阻抗性质的判别方法:可用在被测元件两端并联电容或将被测元件与电容串联的方法来判别,其原理如下。

① 在被测元件两端并联一只适当容量的试验电容,若串接在电路中的电流表读数增大,则被测阻抗为容性,电流减小则为感性。

图 15-1(a) 中,Z 为待测定的元件,C' 为试验电容器。图 15-1(b) 是图 15-1(a) 的等效电路,图中 G、B 为待测阻抗 Z 的电导和电纳,B' 为并联电容 C' 的电纳。在端电压有效值不变的条件下,按下面两种情况进行分析。

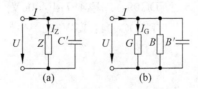

图 15-1 并联电容测量法

a. 设 $B+B'=B''$，若 B' 增大，B'' 也增大，则电路中电流 I 将单调地上升，故可判断 B 为容性元件。

b. 设 $B+B'=B''$，若 B' 增大，而 B'' 先减小后再增大，电流 I 也是先减小后上升，如图 15-2 所示，则可判断 B 为感性元件。

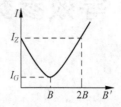

图 15-2　感性元件的电流变化曲线

由以上分析可见，当 B 为容性元件时，对并联电容 C' 值无特殊要求；而当 B 为感性元件时，$B'<|2B|$ 才有判定为感性的意义。$B'>|2B|$ 时，电流单调上升，与 B 为容性时相同，并不能说明电路是感性的。因此 $B'<|2B|$ 是判断电路性质的可靠条件，由此得判定条件为 $C'<\left|\dfrac{2B}{\omega}\right|$。

② 与被测元件串联一个适当容量的试验电容，若被测阻抗的端电压下降，则判为容性，端电压上升则为感性，判定条件为 $\dfrac{1}{\omega C'}<|2X|$。式中 X 为被测阻抗的电抗值，C' 为串联试验电容值，此关系式可自行证明。

判断待测元件的性质，除上述借助于试验电容 C' 测定法外，还可以利用该元件的电流 I 与电压 U 之间的相位关系来判断。若 I 超前于 U，为容性；I 滞后于 U，则为感性。

（3）本实验所用的功率表为智能交流功率表，其电压接线端应与负载并联，电流接线端应与负载串联。

三、实验设备

可调三相交流电源	0～450V	一台
交流数字电压表	0～500V	一只
交流数字电流表	0～5A	一只
单相功率表	TKDG-06	一只
镇流器（电感线圈）	TKDG-04：与 30W 日光灯配用	一只
电容器	DG09：$1\mu F$，$4.7\mu F/500V$	一只
白炽灯	TKDG-04：15W/220V	三只

四、实验内容与步骤

三表法测参数的实验电路如图 15-3 所示。

（1）按图 15-3 接线，并经指导教师检查后，方可接通市电电源。

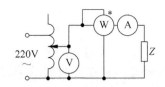

图 15-3　三表法测参数实验电路

（2）分别测量 15W 白炽灯（R）、30W 日光灯镇流器（L）和 4.7μF 电容器（C）的等效参数。要求 R 和 C 两端所加电压为 220V，L 中流过的电流小于 0.4A。

（3）测量 L、C 串联与并联后的等效参数，记入表 15-1 中。

表　15-1

被测阻抗	测　量　值				计　算　值		电路等效参数		
	U/V	I/A	P/W	$\cos\varphi$	$\lvert Z\rvert/\Omega$	$\cos\varphi$	R/Ω	L/H	$C/\mu\text{F}$
15W 白炽灯 R									
电感线圈 L									
电容器 C									
L 与 C 串联									
L 与 C 并联									

（4）验证用串联、并联试验电容法判别负载性质的正确性。

实验线路同图 15-3，但不必接功率表，按表 15-2 的内容进行测量和记录。

表　15-2

被　测　元　件	串 1μF 电容		并 1μF 电容	
	串前端电压/V	串后端电压/V	并前电流/A	并后电流/A
R（三只 15W 白炽灯）				
C（4.7μF）				
L（1H）				

五、注意事项

（1）本实验直接用市电 220V 交流电源供电，实验中要特别注意人身安全，不可用手直接触摸通电线路的裸露部分，以免触电，进实验室应穿绝缘鞋。

（2）自耦调压器在接通电源前，应将其手柄置在零位上，调节时，使其输出电压从零开始逐渐升高。每次改接实验线路及实验完毕，都必须先将其旋柄慢慢调回零位，再断电源。必须严格遵守这一安全操作规程。

（3）实验前应详细阅读智能交流功率表的使用说明书，熟悉其使用方法。

六、思考题

(1) 在 50Hz 的交流电路中,测得一只铁芯线圈的 P、I 和 U,如何算得它的阻值及电感量?

(2) 如何用串联电容的方法来判别阻抗的性质? 试用 I 随 X'_C(串联容抗)的变化关系作定性分析,证明串联试验时,C' 满足 $\dfrac{1}{\omega C'} < |2X|$。

七、实验报告要求

(1) 根据实验数据,完成各项计算。

(2) 完成预习思考题(1)、(2)的任务。

实验十六　正弦稳态交流电路相量的研究

一、实验目的

(1) 研究正弦稳态交流电路中电压、电流相量之间的关系。

(2) 掌握日光灯线路的接线。

(3) 理解改善电路功率因数的意义并掌握其方法。

二、实验原理

(1) 在单相正弦交流电路中,用交流电流表测得各支路的电流值,用交流电压表测得回路各元件两端的电压值,它们之间的关系满足相量形式的基尔霍夫定律,即 $\Sigma I = 0$ 和 $\Sigma U = 0$。

(2) 如图 16-1 所示的 RC 串联电路,在正弦稳态信号 U 的激励下,U_R 与 U_C 保持 90°的相位差,即当 R 阻值改变时,U_R 的相量轨迹是一个半圆。U、U_C 与 U_R 三者形成一个直角形的电压三角形,如图 16-2 所示。R 值改变时,可改变 φ 角的大小,从而达到移相的目的。

(3) 日光灯线路如图 16-3 所示,图中 A 是日光灯管,L 是镇流器,S 是启辉器,C 是补偿电容器,用以改善电路的功率因数($\cos\varphi$ 的值)。有关日光灯的工作原理请自行翻阅有关资料。

图 16-1　RC 串联电路

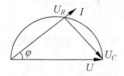

图 16-2　电压三角形

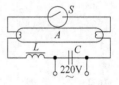

图 16-3　日光灯线路

三、实验设备

可调三相交流电源	0～450V	一台
交流数字电压表	0～500V	一只
交流数字电流表	0～5A	一只
单相功率表	TKDG-06	一只
镇流器、启辉器	TKDG-04：与 30W 灯管配用	各一只

日光灯灯管	屏内：30W	一只
电容器	TKDG-05：$1\mu F, 2.2\mu F, 4.7\mu F/500V$	各一只
白炽灯	TKDG-04：220V，15W	一至三只
电流插座	TKDG-04	三个

四、实验内容与步骤

（1）按图 16-1 接线。R 为 220V、15W 的白炽灯泡，电容器为 $4.7\mu F/450V$。经指导教师检查后，接通实验台电源，将自耦调压器输出（即 U）调至 220V。记录 U、U_R、U_C 的值，填入表 16-1 中。验证电压三角形关系。

表　16-1

测　量　值			计　算　值	
U/V	U_R/V	U_C/V	$\sqrt{U_R^2+U_C^2}/V$	φ

（2）日光灯线路接线与测量。

按图 16-4 接线。经指导教师检查后接通实验台电源，调节自耦调压器的输出，使其输出电压缓慢增大，直到日光灯刚启辉点亮为止，记下三表的指示值。然后将电压调至 220V，测量功率 P，电流 I，电压 U，U_L，U_A 等值，填入表 16-2 中，验证电压、电流的相量关系。

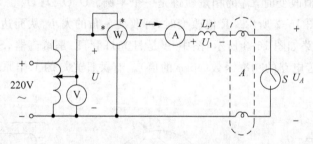

图 16-4　日光灯线路测量电路

表　16-2

	P/W	$\cos\varphi$	I/A	U/V	U_1/V	U_a/V
启辉值						
正常工作值						

（3）并联电路——电路功率因数的改善。

按图 16-5 组成实验线路。经指导教师检查后，接通实验台电源，将自耦调压器的输出调至 220V，记录功率表、电压表读数。通过一只电流表和三个电流插座分别测得三条支路的电流，改变电容值，进行三次重复测量并记录于表 16-3 中。

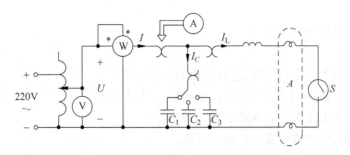

图 16-5　功率因数的改善实验电路

表　16-3

电容值/μF	测 量 数 值						计 算 值	
	P/W	$\cos\varphi$	U/V	I/A	I_L/A	I_C/A	I/A	$\cos\varphi$
0								
1								
2.2								
4.7								
6.9								

五、预习要求

参阅课外资料,了解日光灯的启辉原理。

六、注意事项

(1) 本实验用交流市电 220V,务必注意用电和人身安全。

(2) 功率表要正确接入电路。

(3) 线路接线正确,日光灯不能启辉时,应检查启辉器及其接触是否良好。

七、思考题

(1) 在日常生活中,当日光灯上缺少了启辉器时,人们常用一根导线将启辉器的两端短接一下,然后迅速断开,使日光灯点亮(TKDG-04 实验挂箱上有短接按钮,可用它代替启辉器做试验);或用一只启辉器去点亮多只同类型的日光灯,这是为什么?

(2) 为了改善电路的功率因数,常在感性负载上并联电容器,此时增加了一条电流支路,试问电路的总电流是增大还是减小,此时感性元件上的电流和功率是否改变?

(3) 提高线路功率因数为什么只采用并联电容器法,而不用串联法? 所并的电容器是否越大越好?

八、实验报告要求

（1）完成数据表格中的计算，进行必要的误差分析。

（2）根据实验数据，分别绘出电压、电流相量图，验证相量形式的基尔霍夫定律。

（3）讨论改善电路功率因数的意义和方法。

（4）装接日光灯线路的心得体会及其他。

实验十七　　*RC* 选频网络特性测试

一、实验目的

(1) 熟悉文氏电桥电路的结构特点及其应用。
(2) 学会用交流毫伏表和示波器测定文氏桥电路的幅频特性和相频特性。

二、实验原理

文氏电桥电路是一个 *RC* 的串、并联电路,如图 17-1 所示。该电路结构简单,被广泛地用于低频振荡电路中作为选频环节,可以获得很高纯度的正弦波电压。

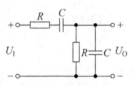

图 17-1　文氏电桥电路

(1) 用函数信号发生器的正弦输出信号作为图 17-1 的激励信号 U_1,并保持 U_1 值不变的情况下,改变输入信号的频率 f,用交流毫伏表或示波器测出输出端相应于各个频率点下的输出电压 U_o 值,将这些数据画在以频率 f 为横轴,U_o 为纵轴的坐标纸上,一条光滑的曲线连接这些点,该曲线就是上述电路的幅频特性曲线,如图 17-2(a)所示。

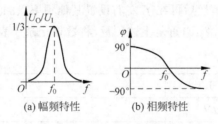

(a) 幅频特性　　　　(b) 相频特性

图 17-2　文氏电桥电路的相频特性曲线

文氏电桥电路的一个特点是其输出电压幅度不仅会随输入信号的频率而变,而且还会出现一个与输入电压同相位的最大值。

由电路分析得知,该网络的传递函数为

$$\beta = \frac{1}{3 + j(\omega RC - 1/\omega RC)}$$

当角频率 $\omega=\omega_0=\dfrac{1}{RC}$ 时，$|\beta|=\dfrac{U_O}{U_I}=\dfrac{1}{3}$，此时 U_O 与 U_I 同相。由图 17-2(a)可见，RC 串并联电路具有带通特性。

（2）将上述电路的输入和输出分别接到双踪示波器的 Y_A 和 Y_B 两个输入端，改变输入正弦信号的频率，观测相应的输入和输出波形间的时延 τ 及信号的周期 T，则两波形间的相位差为 $\varphi=\dfrac{\tau}{T}\times360°=\varphi_O-\varphi_I$（输出相位与输入相位之差）。

将各个不同频率下的相位差 φ 画在以 f 为横轴，φ 为纵轴的坐标纸上，用光滑的曲线将这些点连接起来，即为被测电路的相频特性曲线，如图 17-2(b)所示。

由电路分析理论得知，当 $\omega=\omega_0=\dfrac{1}{RC}$，即 $f=f_0=\dfrac{1}{2\pi RC}$ 时，$\varphi=0$，即 U_O 与 U_I 同相位。

三、实验设备

函数信号发生器		一台
双踪示波器		一台
交流毫伏表		一只
RC 选频网络实验板	TKDG-03	一挂箱

四、实验内容与步骤

1. 测量 RC 串、并联电路的幅频特性

（1）利用 TKDG-03 挂箱上"RC 串、并联选频网络"线路，组成图 17-1 线路，取 $R=1\mathrm{k}\Omega$，$C=0.1\mu\mathrm{F}$。

（2）调节信号源输出电压为 3V 的正弦信号，接入图 17-1 的输入端。

（3）改变信号源的频率 f（由频率计读得），并保持 $U_I=3$V 不变，测量输出电压 U_O（可先测量 $\beta=1/3$ 时的频率 f_0，然后再在 f_0 左右设置其他频率点测量）。

（4）取 $R=200\Omega$，$C=2.2\mu\mathrm{F}$，重复上述测量，将数据记录于表 17-1 中。

表   17-1

$R=1\mathrm{k}\Omega$ $C=0.1\mu\mathrm{F}$	f/Hz	
	U_O/V	
$R=200\Omega$ $C=2.2\mu\mathrm{F}$	f/Hz	
	U_O/V	

2. 测量 RC 串、并联电路的相频特性

将图 17-1 的输入 U_I 和输出 U_O 分别接至双踪示波器的 Y_A 和 Y_B 两个输入端，改变输入正弦信号的频率，观测不同频率点时，相应的输入与输出波形间的时延 τ 及信号的周期 T。

两波形间的相位差为 $\varphi = \varphi_0 - \varphi_1 = \dfrac{\tau}{T} \times 360°$，计算后将相应数据记入表 17-2 中。

表　17-2

$R=1\text{k}\Omega$ $C=0.1\mu\text{F}$	f/Hz			
	T/ms			
	τ/ms			
	φ			
$R=200\Omega$ $C=2.2\mu\text{F}$	f/Hz			
	T/ms			
	τ/ms			
	φ			

五、预习要求

(1) 根据电路参数，分别估算文氏电桥电路两组参数时的固有频率 f_0。

(2) 推导 RC 串并联电路的幅频、相频特性的数学表达式。

六、注意事项

由于信号源内阻的影响，输出幅度会随信号频率变化。因此，在调节输出频率时，应同时调节输出幅度，使实验电路的输入电压保持不变。

七、实验报告要求

(1) 根据实验数据，绘制文氏电桥电路的幅频特性和相频特性曲线。找出 f_0，并与理论计算值比较，分析误差原因。

(2) 讨论实验结果。

实验十八　　R、L、C串联谐振电路的研究

一、实验目的

（1）学习用实验方法绘制R、L、C串联谐振电路的幅频特性曲线。

（2）加深理解电路发生谐振的条件、特点，掌握电路品质因数（电路Q值）的物理意义及其测定方法。

二、实验原理

（1）在如图18-1所示的R、L、C串联电路中，当正弦交流信号源的频率f改变时，电路中的感抗、容抗随之而变，电路中的电流也随f而变。取电阻R上的电压U_0作为响应，当输入电压U_I的幅值维持不变时，在不同频率的正弦信号激励下，测出U_0之值，然后以f为横坐标，以U_0/U_I为纵坐标（因U_I不变，故也可直接以U_0为纵坐标），绘出光滑的曲线，此即为幅频特性曲线，又称谐振曲线，如图18-2所示。

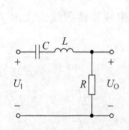

图18-1　R、L、C串联电路

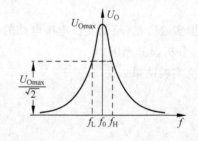

图18-2　R、L、C串联电路幅频特性曲线

（2）在$f=f_0=\dfrac{1}{2\pi\sqrt{LC}}$处，即幅频特性曲线尖峰所在的频率点称为谐振频率。此时$X_L=X_C$，电路呈纯阻性，电路阻抗的模为最小。在输入电压U_I为定值时，电路中的电流达到最大值，且与输入电压U_I同相位。从理论上讲，此时$U_I=U_{RO}=U_0$，$U_{LO}=U_{CO}=QU_I$，式中的Q称为电路的品质因数。

（3）电路品质因数Q值的两种测量方法。

一种方法是根据公式$Q=\dfrac{U_{LO}}{U_I}=\dfrac{U_{CO}}{U_I}$测定，$U_{CO}$与$U_{LO}$分别为谐振时电容器$C$和电感线

圈 *L* 上的电压；另一方法是通过测量谐振曲线的通频带宽度 $\Delta f = f_H - f_L$，再根据 $Q = \dfrac{f_0}{f_H - f_L}$ 求出 *Q* 值。式中 f_0 为谐振频率，f_H 和 f_L 是失谐时，亦即输出电压的幅度下降到最大值的 $1/\sqrt{2}$（$= 0.707$）倍时的上、下频率点。*Q* 值越大，曲线越尖锐，通频带越窄，电路的选择性越好。在恒压源供电时，电路的品质因数、选择性与通频带只决定于电路本身的参数，而与信号源无关。

三、实验设备

函数信号发生器	一台
交流毫伏表	一只
双踪示波器	一台
谐振电路实验电路板 $R = 200\Omega, 1\text{k}\Omega, C = 0.01\mu\text{F}, 0.1\mu\text{F}, L = 30\text{mH}$	TKDG-03 挂箱

四、实验内容与步骤

（1）按图 18-3 组成监视测量电路。选用 $R = 200\Omega$、$C = 0.01\mu\text{F}$。用交流毫伏表测量电压，用示波器监视信号源输出。令信号源输出电压为 $U_I = 3\text{V}$ 正弦波，并在整个实验过程中保持不变。

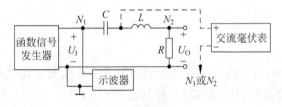

图 18-3　监视测量电路

（2）找出电路的谐振频率 f_0，其方法是，将毫伏表跨接在 *R* 两端，令信号源的频率由小逐渐变大（注意要维持信号源的输出幅度不变），当 U_O 的读数为最大时，读得频率计上的频率值即为电路的谐振频率 f_0，并测量 U_O、U_{LO}、U_{CO} 之值（注意及时更换毫伏表的量限），记入表 18-1 中。

表　18-1

R/Ω	f_0/kHz	U_O/V	U_{LO}/V	U_{CO}/V	I_O/mA	Q
200						
1000						

（3）在谐振点两侧，应先测出下限频率 f_L 和上限频率 f_H 及相对应的 U_O 值，然后再逐点测出不同频率下的 U_O 值，记录于表 18-2 中。

表 18-2

f/kHz					
U_O/V					
I/mA					

$U_I = 3V$,　$C = 0.01\mu F$,　$R = 200\Omega$,　$f_0 =$ 　,　$f_H - f_L =$ 　,　$Q =$

（4）将电阻 R 改为 $1k\Omega$，重复步骤（2）、步骤（3）的测量过程，数据记入表 18-3 中。

表 18-3

f/kHz					
U_O/V					
I/mA					

$U_I = 3V$,　$C = 0.01\mu F$,　$R = 1k\Omega$,　$f_0 =$ 　,　$f_H - f_L =$ 　,　$Q =$

（5）* 选用 $R = 200\Omega$、$C = 0.1\mu F$，重复步骤（2）～步骤（4）。

五、预习要求

根据实验线路板给出的元件参数值，估算电路的谐振频率。

六、注意事项

（1）选择测试频率点时，应在靠近谐振频率附近多取几点。在变换频率测试前，应调整信号输出幅度（用示波器监视输出幅度），使其维持在 3V。

（2）测量 U_{CO} 和 U_{LO} 数值前，应将毫伏表的量限改大，而且在测量 U_{LO} 与 U_{CO} 时毫伏表的"+"端应接 C 与 L 的公共点，其接地端应分别触及 L 和 C 的近地端 N_2 和 N_1。

（3）实验中，信号源的外壳应与毫伏表的外壳绝缘（不共地）。如能用浮地式交流毫伏表测量，则效果更佳。

七、思考题

（1）改变电路的哪些参数可以使电路发生谐振，电路中 R 的数值是否影响谐振频率值？

（2）如何判别电路是否发生谐振？测试谐振点的方案有哪些？

（3）电路发生串联谐振时，为什么输入电压不能太大，如果信号源给出 3V 的电压，电路谐振时，用交流毫伏表测 U_{LO} 和 U_{CO}，应该选择用多大的量限？

（4）要提高 R、L、C 串联电路的品质因数，电路参数应如何改变？

（5）谐振时，比较输出电压 U_O 与输入电压 U_I 是否相等，试分析原因。

（6）谐振时，对应的 U_{LO} 与 U_{CO} 是否相等？如有差异，原因何在？

八、实验报告要求

(1) 根据测量数据,绘出不同 Q 值时两条幅频特性曲线,$U_0 = f(f)$。

(2) 计算出通频带与 Q 值,说明不同 R 值对电路通频带与品质因数的影响。

(3) 对两种不同的测 Q 值的方法进行比较,分析误差原因。

(4) 通过本次实验,总结、归纳串联谐振电路的特性。

实验十九　双口网络测试

一、实验目的

(1) 加深理解双口网络的基本理论。
(2) 掌握直流双口网络传输参数的测量技术。

二、实验原理

对于任何一个线性网络,我们所关心的往往只是输入端口和输出端口的电压和电流之间的相互关系,并通过实验测定方法求取一个极其简单的等值双口电路来替代原网络,此即为"黑盒理论"的基本内容。

(1) 一个双口网络两端口的电压和电流4个变量之间的关系,可以用多种形式的参数方程来表示。本实验采用输出口的电压U_2和电流I_2作为自变量,以输入口的电压U_1和电流I_1作为应变量,所得的方程称为双口网络的传输方程,如图 19-1 所示的无源线性双口网络(又称为四端网络)的传输方程为

$$U_1 = AU_2 + BI_2 \quad I_1 = CU_2 + DI_2$$

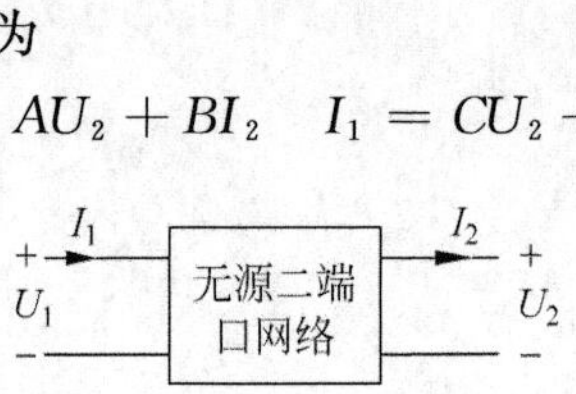

图 19-1　无源线性双口网络

式中的 A、B、C、D 为双口网络的传输参数,其值完全决定于网络的拓扑结构及各支路元件的参数值。这 4 个参数表征了该双口网络的基本特性,它们的含义是

$$A = \frac{U_{1O}}{U_{2O}}(\text{令 } I_2 = 0,\text{即输出口开路时})$$

$$B = \frac{U_{1S}}{U_{2S}}(\text{令 } U_2 = 0,\text{即输出口短路时})$$

$$C = \frac{I_{1O}}{U_{2O}}(\text{令 } I_2 = 0,\text{即输出口开路时})$$

$$D = \frac{I_{1S}}{I_{2S}}(\text{令 } U_2 = 0,\text{即输出口短路时})$$

由上可知,只要在网络的输入口加上电压,在两个端口同时测量其电压和电流,即可求出 A、B、C、D 四个参数,此即为双端口同时测量法。

(2) 若要测量一条远距离输电线构成的双口网络,采用同时测量法就很不方便。这时

可采用分别测量法,即先在输入口加电压,而将输出口开路和短路,在输入口测量电压和电流,由传输方程可得

$$R_{1O} = \frac{U_{1O}}{I_{1O}} = \frac{A}{C}(令 I_2 = 0,即输出口开路时)$$

$$R_{1S} = \frac{U_{1O}}{I_{1S}} = \frac{B}{D}(令 U_2 = 0,即输出口短路时)$$

然后在输出口加电压,而将输入口开路和短路,测量输出口的电压和电流,此时可得

$$R_{2O} = \frac{U_{2O}}{I_{2O}} = \frac{D}{C}(令 I_1 = 0,即输入口开路时)$$

$$R_{2S} = \frac{U_{2O}}{I_{2S}} = \frac{B}{A}(令 U_1 = 0,即输入口短路时)$$

$R_{1O}, R_{1S}, R_{2O}, R_{2S}$ 分别表示一个端口开路和短路时另一端口的等效输入电阻,这 4 个参数中只有三个是独立的(因为 AD−BC=1)。至此,可求出 4 个传输参数。

$$A = \sqrt{R_{1O}/(R_{2O} - R_{2S})}, \quad B = R_{2S}A, \quad C = A/R_{1O}, \quad D = R_{2O}C$$

(3)双口网络级联后的等效双口网络的传输参数也可采用前述的方法之一求得。从理论推得两个双口网络级联后的传输参数与每一个参加级联的双口网络的传输参数之间有以下的关系。

$$A = A_1 A_2 + B_1 C_2 \quad B = A_1 B_2 + B_1 D_2$$
$$C = C_1 A_2 + D_1 C_2 \quad D = C_1 B_2 + D_1 D_2$$

三、实验设备

可调直流稳压电源	0~30V	一台
直流数字电压表	0~200V	一只
直流数字毫安表	0~200mA	一只
双口网络实验电路板	TKDG-03	一挂箱

四、实验内容与步骤

双口网络实验线路如图 19-2 所示。将直流稳压电源的输出电压调到 10V,作为双口网络的输入。

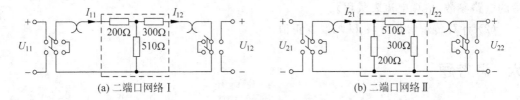

(a) 二端口网络 I   (b) 二端口网络 II

图 19-2 双口网络实验线路

(1)按同时测量法分别测定相关数据,填入表 19-1 中,并计算两个双口网络的传输参数 A_1、B_1、C_1、D_1 和 A_2、B_2、C_2、D_2,并列出它们的传输方程。

表 19-1

		测 量 值			计 算 值	
双口网络 I	输出端开路 $I_{12}=0$	U_{11O}/V	U_{12O}/V	I_{11O}/mA	A_1	B_1
	输出端短路 $U_{12}=0$	U_{11S}/V	I_{11S}/mA	I_{12S}/mA	C_1	D_1
		测 量 值			计 算 值	
双口网络 II	输出端开路 $I_{22}=0$	U_{21O}/V	U_{22O}/V	I_{21O}/mA	A_2	B_2
	输出端短路 $U_{22}=0$	U_{21S}/V	I_{21S}/mA	I_{22S}/mA	C_2	D_2

(2) 将两个双口网络级联,即将网络 I 的输出接至网络 II 的输入。用两端口分别测量法测量相关数据,填入表 19-2 中,并计算级联后等效双口网络的传输参数 A、B、C、D,验证等效双口网络传输参数与级联的两个双口网络传输参数之间的关系。

表 19-2

输出端开路 $I_2=0$			输出端短路 $U_2=0$			计算值
U_{1O}/V	I_{1O}/mA	$R_{1O}/k\Omega$	U_{1S}/V	I_{1S}/mA	$R_{1S}/k\Omega$	
输入端开路 $I_1=0$			输入端短路 $U_1=0$			$A=$
U_{2O}/V	I_{2O}/mA	$R_{2O}/k\Omega$	U_{2S}/V	I_{2S}/mA	$R_{2S}/k\Omega$	$B=$ $C=$ $D=$

五、注意事项

(1) 用电流插头插座测量电流时,要注意判别电流表的极性及选取适合的量程(根据所给的电路参数,估算电流表量程)。

(2) 计算传输参数时,I、U 均取其正值。

六、思考题

(1) 试述双口网络同时测量法与分别测量法的测量步骤、优缺点及其适用情况。

(2) 本实验方法可否用于交流双口网络的测定?

七、实验报告要求

（1）完成对数据表格的测量和计算任务。

（2）列写参数方程。

（3）验证级联后等效双口网络的传输参数与级联的两个双口网络传输参数之间的关系。

（4）总结、归纳双口网络的测试技术。

实验二十　负阻抗变换器

一、实验目的

(1) 加深对负阻抗概念的认识,掌握对含有负阻的电路的分析研究方法。

(2) 了解负阻抗变换器的组成原理及其应用。

(3) 掌握负阻器的各种测试方法。

二、实验原理

(1) 负阻抗是电路理论中的一个重要基本概念,在工程实践中有广泛的应用。有些非线性元件(如隧道二极管)在某个电压或电流范围内具有负阻特性。除此之外,一般都由一个有源双口网络来形成一个等效的线性负阻抗。该网络由线性集成电路或晶体管等元件组成,这样的网络称做负阻抗变换器。

按有源网络输入电压和电流与输出电压和电流的关系,负阻抗变换器可分为电流倒置型(INIC)和电压倒置型(VNIC)两种,电路模电路模型如图 20-1 所示。

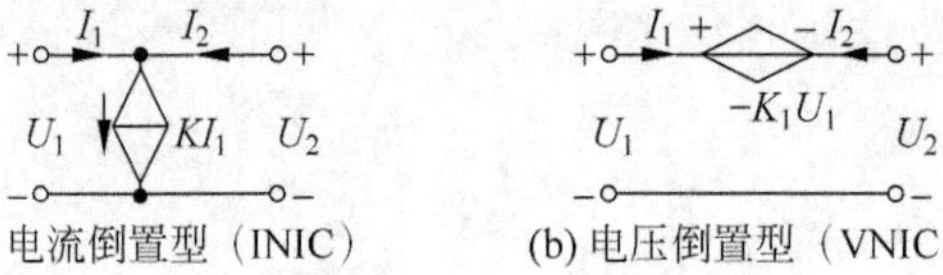

(a) 电流倒置型（INIC）　　(b) 电压倒置型（VNIC）

图 20-1　负阻抗变换器

在理想情况下,负阻抗变换器的电压、电流关系为

INIC 型 $U_2 = U_1$, $I_2 = KI_1$(K 为电流增益)。

VNIC 型 $U_2 = -K_1 U_1$, $I_2 = -I_1$(K_1 为电压增益)。

如果在 INIC 的输出端接上负载阻抗 Z_L,则它的输入阻抗 Z_1 为

$$Z_1 = \frac{U_1}{I_1} = \frac{U_2}{I_2/K} = \frac{KU_2}{I_2} = -KZ_L$$

即输入阻抗 Z_1 为负载阻抗 Z_L 的 K 倍,且为负值,呈负阻特性。

(2) 本实验用线性运算放大器组成如图 20-2 所示的 INIC 电路,在一定的电压、电流范围内可获得良好的线性度。根据运放理论可知,

$$U_1 = U_+ = U_- = U_2 \quad \text{又} \quad I_5 = I_6 = 0, \quad I_1 = I_3, \quad I_2 = -I_4$$

$$Z_1 = \frac{U_1}{I_1} \quad I_3 = \frac{U_1 - U_3}{Z_1} \quad I_4 = \frac{U_3 - U_2}{Z_2} = \frac{U_3 - U_1}{Z_2}$$

所以　　$I_4Z_2 = -I_3Z_1$　　$-I_2Z_2 = -I_1Z_1$　　所以　$\dfrac{U_2}{Z_L} \cdot Z_2 = -I_1Z_1$

所以　　$\dfrac{U_2}{I_1} = \dfrac{U_1}{I_1} = Z_1 = -\dfrac{Z_1}{Z_2} \cdot Z_L = -KZ_L\left(令\ K = \dfrac{Z_1}{Z_2}\right)$

可见,该电路属于 INIC 型负阻抗变换器。

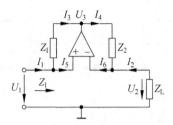

图 20-2　由运算放组成的 INIC 电路

当 $Z_1 = R_1 = R_2 = Z_2 = 1\text{k}\Omega$ 时,$K = Z_1/Z_2 = R_1/R_2 = 1$。

① 若 $Z_L = R_L$,则 $Z_1 = -KZ_L = -R_L$。

② 若 $Z_L = 1/(\text{j}\omega C)$,则 $Z_1 = -KZ_L = -1/(\text{j}\omega C) = \text{j}\omega L$,式中令 $L = 1/(\omega^2 C)$。

③ 若 $Z_L = \text{j}\omega L$,则 $Z_1 = -KZ_L = -\ \text{j}\omega L = 1/(\text{j}\omega C)$,式中令 $C = 1/(\omega^2 L)$。

②、③两项表明,负阻抗变换器可实现容性阻抗和感性阻抗的互换。

三、实验设备

可调直流稳压电源	0～30V 双路	一台
函数信号发生器		一台
直流数字电压表	0～200V	一只
直流数字毫安表	0～200mA	一只
交流毫伏表	0～600V	一只
双踪示波器		一台
元件箱	TKDG-05	一挂箱
负阻抗变换器实验电路板	TKDG-10	一挂箱

四、实验内容与步骤

(1) 测量负电阻的伏安特性,计算电流增益 K 及等值负阻。

实验线路参见图 20-2。U_1 接可调直流稳压电源。

① 取 $R_L = 300\Omega$(取自电阻箱)。测量不同 U_1 时的 I_1 值。U_1 取 0.1～2.5V(非线性部分应多测几点,下同),将数据记录于表 20-1 中。

② 令 $R_L = 600\Omega$,重复上述的测量(U_1 取 0.1～4.0V),将数据记录于表 20-1 中。

表　20-1

$R_L = 300\,\Omega$	U_1/V							
	I_1/mA							
	$R/\text{k}\Omega$							
$R_L = 600\,\Omega$	U_1/V							
	I_1/mA							
	$R/\text{k}\Omega$							

③ 计算等效负阻和电流增益。

④ 绘制负阻的伏安特性曲线 $U_1 = f(I_1)$。

（2）阻抗变换及相位观察。

见图 20-3。接线时，信号源的高端接 a，低（"地"）端接 b，双踪示波器的"地"端接 b，Y_A、Y_B 分别接 a，c。图中的 R_S 为电流取样电阻。因为电阻两端的电压波形与流过电阻的电流波形同相，所以用示波器观察 R_S 上的电压波形就反映了电流 I_1 的相位。

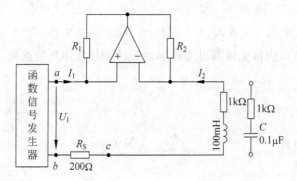

图 20-3　阻抗变换实验电路

① 调节函数信号发生器，为正弦激励源，电压 $U_1 \leqslant 3\text{V}$ 的正弦波，改变信号源频率 $f = 500 \sim 2000\text{Hz}$，用双踪示波器观察 U_1 与 I_1 的相位差，判断是否具有容抗特征。

② 用 $0.1\mu\text{F}$ 的电容 C 代替 L，重复①的观察，判断是否具有感抗特征。

五、注意事项

本实验内容的接线较多，应仔细检查，特别是信号源与示波器的低端不可接错。

六、实验报告要求

（1）完成计算与绘制特性曲线。

（2）总结对 INIC 的认识。

实验二十一　回　转　器

一、实验目的

(1) 掌握回转器的基本特性。
(2) 测量回转器的基本参数。
(3) 了解回转器的应用。

二、实验原理

回转器是一种有源非互易的新型两端口网络元件,电路符号及其等效电路如图 21-1(a)、(b)所示。

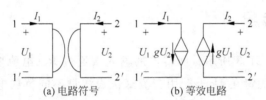

(a) 电路符号　　　　　　(b) 等效电路

图 21-1　回转器及其等效电路

理想回转器的导纳方程如下。

$$\begin{bmatrix} I_1 \\ I_2 \end{bmatrix} = \begin{bmatrix} 0 & g \\ -g & 0 \end{bmatrix} \begin{bmatrix} U_1 \\ U_2 \end{bmatrix}$$

或写成　$I_1 = gU_2$, $I_2 = -gU_1$。
也可写成电阻方程

$$\begin{bmatrix} U_1 \\ U_2 \end{bmatrix} = \begin{bmatrix} 0 & -R \\ R & 0 \end{bmatrix} \begin{bmatrix} I_1 \\ I_2 \end{bmatrix}$$

或写成　$U_2 = RI_1$, $U_1 = -RI_2$。
式中 g 和 R 分别称为回转电导和回转电阻,统称为回转常数。

若在 2-2′ 端接一电容负载 $Z_L = \dfrac{1}{j\omega C}$,则从 1-1′ 端看进去的导纳 Y_1 为 $Y_1 = \dfrac{I_1}{U_1} = \dfrac{gU_2}{-I_2/g} =$

$g^2 Z_L = g^2/(j\omega C) = \dfrac{1}{j\omega L}$,式中 $L = \dfrac{C}{g^2}$ 为等效电感。

可见,从 1-1′ 端看进去就相当于一个电感,即回转器能把一个电容元件"回转"成一个电感元件;相反也可以把一个电感元件"回转"成一个电容元件,所以也称为阻抗逆变器。

由于回转器有阻抗逆变作用,故在集成电路中得到重要的应用。因为在集成电路制造中,制造一个电容元件比制造电感元件容易得多,我们可以用一带有电容负载的回转器来获得数值较大的电感。图 21-2 为用运算放大器组成的回转器电路图。

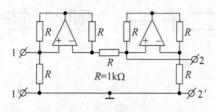

图 21-2　运放组成的回转器

三、实验设备

函数信号发生器		一台
交流毫伏表		一只
双踪示波器		一台
元件箱	TKDG-05	一挂箱
回转器实验电路板	TKDG-10	一挂箱

四、实验内容与步骤

(1) 实验线路如图 21-3 所示。回转器的输入端通过 R_S(电流取样电阻)接正弦激励源,电压 $U_S \leqslant 3V$、频率固定在 1kHz。用交流毫伏表测量不同负载电阻 R_L 时的 U_1、U_2 和 U_{R_S},并计算相应的电流 I_1、I_2 和回转常数 g,记入表 21-1 中。

表　21-1

R_L/Ω	测　量　值					计　算　值		
	U_1/V	U_2/V	U_{R_S}/V	I_1/mA	I_2/mA	$g' = \dfrac{I_1}{U_2}$ $/(1/\Omega)$	$g'' = \dfrac{I_2}{U_1}$ $/(1/\Omega)$	$g = \dfrac{g'+g''}{2}$ $/(1/\Omega)$
500								
1k								
1.5k								
2k								
3k								
4k								
5k								

(2) 用双踪示波器观察回转器输入电压和输入电流之间的相位关系。按图 21-4 接线,信号源的高端接 1 端,低("地")端接 M,示波器的"地"端接 M,Y_A、Y_B 分别接 1、$1'$ 端。

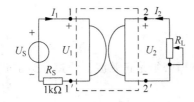 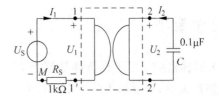

图 21-3　回转器的回转常数测试电路　　　图 21-4　回转器有阻抗逆变作用实验电路

在 2-2′端接电容负载 $C=0.1\mu F$，取信号电压 $U\leqslant 3V$，频率 $f=1kHz$ 的正弦波。观察 I_1 与 U_1 之间的相位关系，判断是否具有感抗特征。

（3）测量等效电感。

线路如图 21-4 所示（不接示波器）。取信号源为输出电压 $U\leqslant 3V$ 的正弦波，并保持不变。用交流毫伏表测量不同频率时的 U_1、U_2、U_R 值，并算出 $I_1=U_R/1k\Omega$，$g=I_1/U_2$，$L'=U_1/(2\pi fI_1)$，$L=C/g^2$ 及误差 $\Delta L=L'-L$，记录于表 21-2 中，分析 U、U_1、U_R 之间的相位关系。

表　21-2

参数 \ 频率/Hz	200	400	500	700	800	900	1000	1200	1300	1500	2000
U_2/V											
U/V											
U_R/V											
I_1/mA											
$g/(1/\Omega)$											
L'/H											
L/H											
$\Delta L=L'-L/H$											

（4）用模拟电感组成 R、L、C 并联谐振电路。用回转器作电感，与电容器 $C=1\mu F$ 构成并联谐振电路，如图 21-5 所示。取 $U\leqslant 3V$ 并保持恒定，测量 1-1′端的电压 U_1，并找出谐振频率。

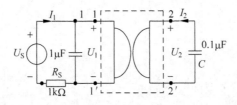

图 21-5　用回转器作电感与电容器构成并联谐振电路

五、注意事项

（1）回转器的正常工作条件是 U 或 U_1、I_1 的波形必须是正弦波。为避免运放进入饱和状态使波形失真，所以输入电压不宜过大。

（2）实验过程中，示波器及交流毫伏表电源线应使用两线插头。

六、实验报告要求

（1）完成各项规定的实验内容（测试、计算、绘曲线等）。

（2）从各实验结果中总结回转器的性质、特点和应用。

实验二十二　互感电路观测

一、实验目的

(1) 学会互感电路同名端、互感系数以及耦合系数的测定方法。

(2) 理解两个线圈相对位置的改变，以及用不同材料作线圈芯时对互感的影响。

二、实验原理

1. 判断互感线圈同名端的方法

1) 直流法

如图 22-1(a)所示，当开关 S 闭合瞬间，若毫安表的指针正偏，则可断定"1"、"3"为同名端；指针反偏，则"1"、"4"为同名端。

2) 交流法

如图 22-1(b)所示，将两个绕组 N_1 和 N_2 的任意两端(如 2、4 端)连在一起，在其中的一个绕组(如 N_1)两端加一个低电压，另一绕组(如 N_2)开路，用交流电压表分别测出端电压 U_{13}、U_{12} 和 U_{34}。若 U_{13} 是两个绕组端压之差，则 1、3 是同名端；若 U_{13} 是两绕组端电压之和，则 1、4 是同名端。

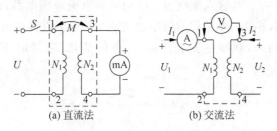

(a) 直流法　　　　　(b) 交流法

图 22-1　互感线圈同名端

2. 两线圈互感系数 M 的测定

在图 22-1(b)的 N_1 侧施加低压交流电压 U_1，测出 I_1 及 U_2。根据互感电势 $E_{2M} \approx U_{2O} = \omega M I_1$，可算得互感系数为 $M = \dfrac{U_2}{\omega I_1}$。

3. 耦合系数 K 的测定

两个互感线圈耦合松紧的程度可用耦合系数 K 来表示。

$$K = M/\sqrt{L_1 L_2}$$

如图 22-1(b)所示，先在 N_1 侧加低压交流电压 U_1，测出 N_2 侧开路时的电流 I_1；然后再在 N_2 侧加电压 U_2，测出 N_1 侧开路时的电流 I_2，求出各自的自感 L_1 和 L_2，即可算得 K 值。

三、实验设备

可调直流稳压电源	0～30V	一台
可调三相交流电源	0～450V	一台
直流数字电压表	0～200V	一只
直流数字电流表	0～2000mA	二只
交流数字电压表	0～500V	一只
交流数字电流表	0～5A	一只
空心互感线圈	TKDG-04：N_1 为大线圈 N_2 为小线圈	一对
电阻器	TKDG-05：30Ω/8W，510Ω/2W	各一只
发光二极管	TKDG-05：红或绿	一只
粗、细铁棒、铝棒	TKDG-04	各一根
变压器	TKDG-04：36V/220V	一台

四、实验内容与步骤

(1) 分别用直流法和交流法测定互感线圈的同名端。

① 直流法。

实验线路如图 22-2 所示。先将 N_1 和 N_2 两线圈的 4 个接线端子编以 1、2 和 3、4 号。将 N_1，N_2 同芯地套在一起，并放入细铁棒。U 为可调直流稳压电源，调至 10V。流过 N_1 侧的电流不可超过 0.4A(选用 5A 量程的数字电流表)。N_2 侧直接接入 2mA 量程的毫安表。将铁棒迅速地拨出和插入，观察毫安表读数正、负的变化，来判定 N_1 和 N_2 两个线圈的同名端。

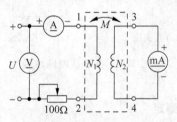

图 22-2　用直流法测同名端

② 交流法。

本方法中，由于加在 N_1 上的电压仅 2V 左右，直接用屏内调压器很难调节，因此采用图 22-3 的线路来扩展调压器的调节范围。图中 W、N 为主屏上的自耦调压器的输出端，B 为 TKDG-04 挂箱中的升压铁芯变压器，此处作降压用。将 N_2 放入 N_1 中，并在两线圈中

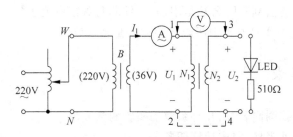

图 22-3　用交流法测同名端

插入铁棒。A 为 2.5A 以上量程的电流表，N_2 侧开路。

接通电源前，应首先检查自耦调压器是否调至零位，确认后方可接通交流电源，令自耦调压器输出一个很低的电压（12V 左右），使流过电流表的电流小于 1.4A，然后用 0～30V 量程的交流电压表测量 U_{13}，U_{12}，U_{34}，判定同名端。

拆去 2、4 连线，并将 2、3 相接，重复上述步骤，判定同名端。

（2）拆除 2、3 连线，测 U_1，I_1，U_2，计算出 M。

（3）将低压交流加在 N_2 侧，使流过 N_2 侧电流小于 1A，N_1 侧开路，按步骤（2）测出 U_2、I_2、U_1。

（4）用万用表的 $R \times 1$ 挡分别测出 N_1 和 N_2 线圈的电阻值 R_1 和 R_2，计算 K 值。

（5）观察互感现象。

在图 22-3 的 N_2 侧接入 LED 发光二极管与 510Ω（电阻箱）串联的支路。

① 将铁棒慢慢地从两线圈中抽出和插入，观察 LED 亮度的变化及各电表读数的变化，记录现象。

② 将两线圈改为并排放置，并改变其间距，以及分别或同时插入铁棒，观察 LED 亮度的变化及仪表读数。

③ 改用铝棒替代铁棒，重复①、②的步骤，观察 LED 的亮度变化，记录现象。

五、注意事项

（1）整个实验过程中，注意流过线圈 N_1 的电流不得超过 1.4A，流过线圈 N_2 的电流不得超过 1A。

（2）测定同名端及其他测量数据的实验中，都应将小线圈 N_2 套在大线圈 N_1 中，并插入铁芯。

（3）做交流试验前，首先要检查自耦调压器，要保证手柄置在零位。因实验时加在 N_1 上的电压只有 2～3V，因此调节时要特别仔细、小心，要随时观察电流表的读数，不得超过规定值。

六、思考题

（1）用直流法判断同名端时，可否以及如何根据 S 断开瞬间毫安表指针的正、反偏来判断同名端？

（2）本实验用直流法判断同名端是用插、拨铁芯时观察电流表的正、负读数变化来确定的,（应如何确定?）这与实验原理中所叙述的方法是否一致?

七、实验报告要求

（1）总结对互感线圈同名端、互感系数的实验测试方法。

（2）自拟测试数据表格,完成计算任务。

（3）解释实验中观察到的互感现象。

实验二十三　单相铁芯变压器特性的测试

一、实验目的

(1) 通过测量，计算变压器的各项参数。

(2) 学会测绘变压器的空载特性与外特性。

二、实验原理

(1) 图 23-1 为测试变压器参数的电路。由各仪表读得变压器原边(AX,低压侧)的 U_1、I_1、P_1 及副边(ax,高压侧)的 U_2、I_2，并用万用表 $R\times1$ 挡测出原、副绕组的电阻 R_1 和 R_2，即可算得变压器的以下各项参数值。

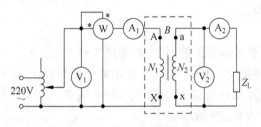

图 23-1　变压器测试电路

电压比 $K_U=\dfrac{U_1}{U_2}$　电流比 $K_I=\dfrac{I_2}{I_1}$

原边阻抗 $Z_1=\dfrac{U_1}{I_1}$　　　副边阻抗 $Z_2=\dfrac{U_2}{I_2}$

阻抗比 $\dfrac{Z_1}{Z_2}$　负载功率 $P_2=U_2I_2\cos\phi_2$

损耗功率 $P_o=P_1-P_2$

功率因数 $\dfrac{P_1}{U_1I_1}$　原边线圈铜耗 $P_{Cu1}=I_1^2R_1$

副边铜耗 $P_{Cu2}=I_2^2R_2$　铁耗 $P_{Fe}=P_o-(P_{Cu1}+P_{Cu2})$

(2) 铁芯变压器是一个非线性元件,铁芯中的磁感应强度 B 决定于外加电压的有效值 U。当副边开路(即空载)时,原边的励磁电流 I_{10} 与磁场强度 H 成正比。在变压器中,副边空载时,原边电压与电流的关系称为变压器的空载特性,这与铁芯的磁化曲线(B-H 曲线)是一致的。

空载实验通常是将高压侧开路,由低压侧通电进行测量,又因空载时功率因数很低,故测量功率时应采用低功率因数瓦特表。此外因变压器空载时阻抗很大,故电压表应接在电流表外侧。

(3) 变压器外特性测试。

为了满足三组灯泡负载额定电压为 220V 的要求,故以变压器的低压(36V)绕组作为原边,220V 的高压绕组作为副边,即当作一台升压变压器使用。

在保持原边电压 U_1(=36V)不变时,逐次增加灯泡负载(每只灯泡为 15W),测定 U_1、U_2、I_1 和 I_2,即可绘出变压器的外特性,即负载特性曲线 $U_2 = f(I_2)$。

三、实验设备

可调三相交流电源	0~450V	一台
交流数字电压表	0~500V	一只
交流数字电流表	0~5A	二只
单相功率表	TKDG-06	一只
试验变压器	TKDG-04：36V/220V,50VA	一台
白炽灯	TKDG-04：220V,15W	5 只

四、实验内容与步骤

(1) 用交流法判别变压器绕组的同名端(参照实验二十二)。

(2) 按图 23-1 线路接线。其中 A、X 为变压器的低压绕组,a、x 为变压器的高压绕组。即电源经屏内调压器接至低压绕组,高压绕组 220V 接 Z_L 即 15W 的灯组负载(三只灯泡并联),经指导教师检查后方可进行实验。

(3) 将调压器手柄置于输出电压为零的位置(逆时针旋到底),合上电源开关,并调节调压器,使其输出电压为 36V。令负载开路及逐次增加负载(最多亮 5 只灯泡),分别记下 5 只仪表的读数,记入自拟的数据表格,绘制变压器外特性曲线。实验完毕将调压器调回零位,断开电源。

当负载为 4 只及 5 只灯泡时,变压器已处于超载运行状态,很容易烧坏。因此,测试和记录应尽量快,总共不应超过 3 分钟。实验时,可先将 5 只灯泡并联安装好,断开控制每个灯泡的相应开关,通电且电压调至规定值后,再逐一打开各个灯的开关,并记录仪表读数。打开 5 只灯并将数据记录完毕后,立即用相应的开关断开各灯。

(4) 将高压侧(副边)开路,确认调压器处在零位后,合上电源,调节调压器输出电压,使 U_1 从零逐次上升到 1.2 倍的额定电压(1.2×36V),分别记下各次测得的 U_1,U_{20} 和 I_{10} 数据,记入自拟的数据表格,用 U_1 和 I_{10} 绘制变压器的空载特性曲线。

五、注意事项

(1) 本实验是将变压器作为升压变压器使用,并用调节调压器提供原边电压 U_1,故使用调压器时应首先调至零位,然后才可合上电源。此外,必须用电压表监视调压器的输出电压,防止被测变压器输出过高电压而损坏实验设备,且要注意安全,以防高压触电。

(2) 由负载实验转到空载实验时,要注意及时变更仪表量程。

(3) 遇异常情况,应立即断开电源,待处理好故障后,再继续实验。

六、思考题

(1) 为什么本实验将低压绕组作为原边进行通电实验? 此时,在实验过程中应注意什么问题?

(2) 为什么变压器的励磁参数一定是在空载实验加额定电压的情况下求出?

七、实验报告要求

(1) 根据实验内容,自拟数据表格,绘出变压器的外特性和空载特性曲线。

(2) 根据额定负载时测得的数据,计算变压器的各项参数。

(3) 计算变压器的电压调整率 $\Delta U \% = \dfrac{U_{20} - U_{2N}}{U_{20}} \times 100\%$。

实验二十四 三相交流电路电压、电流的测量

一、实验目的

(1) 掌握三相负载作星形连接、三角形连接的方法,验证这两种接法下线、相电压及线、相电流之间的关系。

(2) 充分理解三相四线供电系统中中线的作用。

二、实验原理

(1) 三相负载可接成星形连接(又称 Y 形连接)或三角形连接(又称△连接)。当三相对称负载作 Y 形连接时,线电压 U_l 是相电压 U_p 的 $\sqrt{3}$ 倍。线电流 I_l 等于相电流 I_p,即

$$U_l = \sqrt{3} U_p \quad I_l = I_p$$

在这种情况下,流过中线的电流 $I_0 = 0$,所以可以省去中线。

当对称三相负载作△形连接时,有

$$I_l = \sqrt{3} I_p \quad U_l = U_p$$

(2) 不对称三相负载作 Y 连接时,必须采用三相四线制接法,即 Y_0 接法。而且中线必须牢固连接,以保证三相不对称负载的每相电压维持对称不变。倘若中线断开,会导致三相负载电压的不对称,致使负载轻的那一相的相电压过高,使负载遭受损坏;负载重的一相相电压又过低,使负载不能正常工作。尤其是对于三相照明负载,无条件地一律采用 Y_0 接法。

(3) 当不对称负载作△连接时,$I_l \neq \sqrt{3} I_p$,但只要电源的线电压 U_l 对称,加在三相负载上的电压就仍是对称的,对各相负载工作没有影响。

三、实验设备

可调三相交流电源	0~450V	一台
交流数字电压表	0~500V	一只
交流数字电流表	0~5A	一只
三相灯组负载	TKDG-04:220V,15W 白炽灯	九只
电流插座	TKDG-04	三只

四、实验内容与步骤

1. 三相负载星形连接（三相四线制供电）

按图 24-1 线路组接实验电路,即三相灯组负载经三相自耦调压器接通三相对称电源。将三相调压器的旋柄置于输出为 0V 的位置(即逆时针旋到底)。经指导教师检查后,方可开启实验台三相电源开关,然后调节调压器的输出,使输出的三相线电压为 220V,并按数据表格要求的内容完成各项实验,将所测得的数据记入表 24-1 中,并观察各相灯组亮暗的变化程度,特别要注意观察中线的作用。

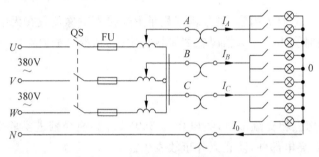

图 24-1　三相负载星形连接实验电路

表　24-1

测量数据 负载情况	开灯盏数			线电流/A			线电压/V			相电压/V			中线电流 I_0/A	中点电压 U_{N0}/V
	A 相	B 相	C 相	I_A	I_B	I_C	U_{AB}	U_{BC}	U_{CA}	U_{A0}	U_{B0}	U_{C0}		
Y_0 接对称负载	3	3	3											
Y 接对称负载	3	3	3											
Y_0 接不对称负载	1	2	3											
Y 接不对称负载	1	2	3											
Y_0 接 B 相断开	1	断	3											
Y 接 B 相断开	1	断	3											
Y 接 B 相短路	1	短	3											

2. 负载三角形连接（三相三线制供电）

按图 24-2 改接线路,经指导教师检查合格后接通三相电源,并调节调压器,使其输出线电压为 220V,并按表 24-2 要求测试数据并记录。

表　24-2

测量数据 负载情况	开灯盏数			线电压＝相电压/V			线电流/A			相电流/A		
	A-B 相	B-C 相	C-A 相	U_{AB}	U_{BC}	U_{CA}	I_A	I_B	I_C	I_{AB}	I_{BC}	I_{CA}
三相对称	3	3	3									
三相不对称	1	2	3									

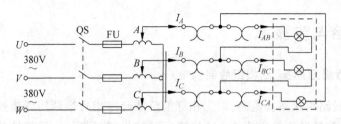

图 24-2　负载三角形连接实验电路

五、预习要求

复习三相交流电路有关内容,试分析三相星形连接不对称负载在无中线的情况下,当某相负载开路或短路时会出现什么情况?如果接上中线,情况又如何?

六、注意事项

(1) 本实验采用三相交流市电,线电压为 380V,应穿绝缘鞋进实验室。实验时要注意人身安全,不可触及导电部件,防止意外事故发生。

(2) 每次接线完毕,同组同学应自查一遍,然后由指导教师检查后,方可接通电源,必须严格遵守先断电、再接线、后通电;先断电、后拆线的实验操作原则。

(3) 星形负载作短路实验时,必须首先断开中线,以免发生短路事故。

(4) 为避免烧坏灯泡,TKDG-04 实验挂箱内设有过压保护装置。即当任一相电压>245~250V 时,声光报警并跳闸。

七、思考题

(1) 三相负载根据什么条件作星形或三角形连接?

(2) 本次实验中为什么要通过三相调压器将 380V 的市电线电压降为 220V 的线电压使用?

八、实验报告要求

(1) 用实验测得的数据验证对称三相电路中的 $\sqrt{3}$ 倍关系。

(2) 用实验数据和观察到的现象,总结三相四线供电系统中中线的作用。

(3) 不对称三角形连接的负载,能否正常工作?实验是否能证明这一点?

(4) 根据不对称负载三角形连接时的相电流值作相量图,并求出线电流值,然后与实验测得的线电流作比较,并做分析。

实验二十五　三相电路功率的测量

一、实验目的

（1）学会用功率表测量三相电路功率的方法。

（2）进一步熟练掌握功率表的接线和使用方法。

二、实验原理

（1）对于三相四线制供电的三相星形连接的负载（即 Y_0 接法），可用一只功率表测量各相的有功功率 P_A、P_B、P_C，则三相负载的总有功功率 $\sum P = P_A + P_B + P_C$。这就是一表法，如图 25-1 所示。若三相负载是对称的，则只需测量一相的功率，再乘以 3 即得三相总的有功功率。

（2）三相三线制供电系统中，不论三相负载是否对称，也不论负载是 Y 形连接还是△形连接，都可用二表法测量三相负载的总有功功率，测量线路如图 25-2 所示。若负载为感性或容性，且当相位差 $\phi > 60°$ 时，线路中的一只功率表指针将反偏（数字式功率表将出现负读数），这时应将功率表电流线圈的两个端子调换（不能调换电压线圈端子），其读数应记为负值。而三相总功率 $\sum P = P_1 + P_2$（P_1、P_2 本身不含任何意义）。

除图 25-2 的 I_A、U_{AC} 与 I_B、U_{BC} 接法外，还有 I_B、U_{BA} 与 I_C、U_{CA} 以及 I_A、U_{AB} 与 I_C、U_{CB} 两种接法。

（3）对于三相三线制供电的三相对称负载，可用一表法测得三相负载的总无功功率 Q，测试原理线路如图 25-3 所示。图示功率表读数的 $\sqrt{3}$ 倍，即为对称三相电路总的无功功率。除了此图给出的一种连接法（I_U、U_{VW}）外，还有另外两种连接法，即接成（I_V、U_{WU}）或（I_W、U_{UV}）。

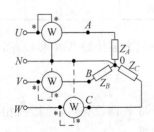
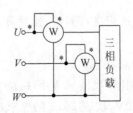
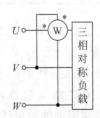

图 25-1　一表法测有功功率　　　图 25-2　二表法测有功功率　　　图 25-3　一表法测无功功率

三、实验设备

可调三相交流电源	0～450V	一台
交流数字电压表	0～500V	二只
交流数字电流表	0～5A	二只
单相功率表	TKDG-06	二只
三相灯组负载	TKDG-04：220V，15W白炽灯	九只
三相电容负载	TKDG-05：1μF，2.2μF，4.7μF/500V	各三只

四、实验内容与步骤

（1）用一表法测定三相对称 Y_0 接以及不对称 Y_0 接负载的总功率 ΣP。实验按图 25-4 线路接线。线路中的电流表和电压表用以监视该相的电流和电压，不要超过功率表电压和电流的量程。

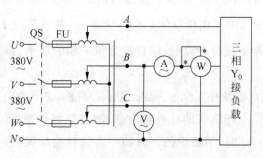

图 25-4　一表法测有功功率的实验线路

经指导教师检查后，接通三相电源，调节调压器输出，使输出线电压为 220V，按表 25-1 的要求进行测量及计算。

表　25-1

负 载 情 况	开灯盏数			测 量 数 据			计算值
	A 相	B 相	C 相	P_A/W	P_B/W	P_C/W	ΣP/W
Y_0 接对称负载	3	3	3				
Y_0 接不对称负载	1	2	3				

首先将三只表按图 25-4 接入 B 相进行测量，然后分别将三只表换接到 A 相和 C 相，再进行测量。

（2）用二表法测定三相负载的总功率。

① 按图 25-5 接线，将三相灯组负载接成 Y 形接法。经指导教师检查后，接通三相电源，调节调压器的输出线电压为 220V，按表 25-2 的要求进行测量。

② 将三相灯组负载改成△形接法，重复①的测量步骤，记录于表 25-2 中。

③ 将两只功率表依次按另外两种接法接入线路,重复①、②的测量。(表格自拟。)

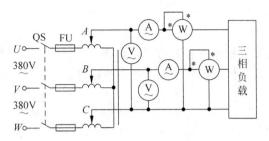

图 25-5　二表法测有功功率的实验线路

表　25-2

负载情况	开灯盏数			测量数据		计算值
	A 相	B 相	C 相	P_1/W	P_2/W	$\Sigma P/\text{W}$
Y 接对称负载	3	3	3			
Y 接不对称负载	1	2	3			
△接不对称负载	1	2	3			
△接对称负载	3	3	3			

(3) 用一表法测定三相对称星形负载的无功功率,按图 25-6 的电路接线。

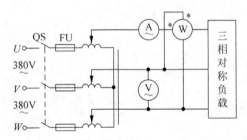

图 25-6　一表法测定三相对称星形负载的无功功率的实验线路

① 每相负载由白炽灯和电容器并联而成,并由开关控制其接入。检查接线无误后,接通三相电源,将调压器的输出线电压调到 220V,读取三表的读数,并计算无功功率 Q,记录于表 25-3 中。

表　25-3

接 法	负载情况	测 量 值			计 算 值
		U/V	I/A	W/var	$Q=\sqrt{3}W/\text{var}$
I_U U_{VW}	① 三相对称灯组(每相开 3 盏)				
	② 三相对称电容器(每每相 4.7μF)				
	③ ①、②的并联负载				

② 将功率表依次按另外两种接法接入电路,重复①的测量(表格自拟)。

五、预习要求

（1）复习二表法测量三相电路有功功率的原理。

（2）复习一表法测量三相对称负载无功功率的原理。

六、注意事项

每次实验完毕,均需将三相调压器旋柄调回零位。每次改变接线,均需断开三相电源,以确保人身安全。

七、思考题

测量功率时为什么在线路中通常都接有电流表和电压表?

八、实验报告要求

（1）完成数据表格中的各项测量和计算任务。比较一表和二表法的测量结果。

（2）总结、分析三相电路功率测量的方法与结果。

实验二十六　单相电度表的校验

一、实验目的

(1) 掌握电度表的接线方法。
(2) 学会电度表的校验方法。

二、实验原理

(1) 电度表是一种感应式仪表,是根据交变磁场在金属中产生感应电流,从而产生转矩的基本原理而工作的仪表,主要用于测量交流电路中的电能。它的指示器能随着电能的不断增大(也就是随着时间的延续)而连续地转动,从而能随时反映出电能积累的总数值。因此,它的指示器是一个"积算机构",是将转动部分通过齿轮传动机构折换为被测电能的数值,由数字及刻度直接指示出来。它的驱动元件是由电压铁芯线圈和电流铁芯线圈在空间上、下排列,中间隔以铝制的圆盘。驱动两个铁芯线圈的交流电,建立起合成的特殊分布的交变磁场,并穿过铝盘,在铝盘上产生感应电流。该电流与磁场的相互作用结果产生转动力矩驱使铝盘转动。铝盘上方装有一个永久磁铁,其作用是对转动的铝盘产生制动力矩,使铝盘转速与负载功率成正比。因此,在某一段测量时间内,负载所消耗的电能 W 就与铝盘的转数 n 成正比,即 $N = \dfrac{n}{W}$,比例系数 N 称为电度表常数,常在电度表上标明,其单位是转/千瓦小时(r/kWh)。

(2) 电度表的灵敏度是指在额定电压、额定频率及 $\cos\phi = 1$ 的条件下,从零开始调节负载电流,测出铝盘开始转动的最小电流值 $I_{\min}$,则仪表的灵敏度表示为 $S = \dfrac{I_{\min}}{I_N} \times 100\%$,式中的 I_N 为电度表的额定电流。$I_{\min}$ 通常较小,约为 I_N 的 0.5%。

(3) 电度表的潜动是指负载电流等于零时,电度表仍出现缓慢转动的现象。按照规定,无负载电流时,在电度表的电压线圈上施加其额定电压的 110%(达 $242\mathrm{V}$)时,观察其铝盘的转动是否超过一圈。凡超过一圈者,判为潜动不合格。

三、实验设备

可调三相交流电源	0~450V	一台
电度表	1.5(6)A	一只

单相功率表	TKDG-06	一只
交流数字电压表	0～500V	一只
交流数字电流表	0～5A	一只
灯泡	TKDG-04：220V,15W	九只
秒表		一只

四、实验内容与步骤

记录被校验电度表的数据。额定电流 $I_N=$ _____,额定电压 $U_N=$ _____,电度表常数 $N=$ _____,准确度为 _____。

1. 用功率表、秒表法校验电度表的准确度

按图 26-1 接线。电度表的接线与功率表相同,其电流线圈与负载串联,电压线圈与负载并联。

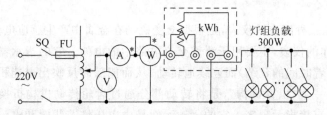

图 26-1　用功率表、秒表法校验电度表的准确度的实验线路

线路经指导教师检查无误后,接通电源。将调压器的输出电压调到 220V,按表 26-1 的要求接通灯组负载,用秒表定时记录电度表转盘的转数及记录各仪表的读数。

为了准确地计时及计圈数,可将电度表转盘上的一小段着色标记刚出现(或刚结束)时作为秒表计时的开始,并同时读出电度表的起始读数。此外,为了能记录整数转数,可先预订好转数,待电度表转盘刚转完此转数时,作为秒表测定时间的终点,并同时读出电度表的终止读数。所有数据记录于表 26-1 中。

表　26-1

负载情况/W	测　量　值							计　算　值		
	U/V	I/A	P/W	电表读数/kWh			时间/s	转数 n	计算电能 W'/kWh	$\Delta W/W/\%$	电度表常数 N
				起	止	W					
9×15											
6×15											

建议 n 取 24 圈,则 300W 负载时,需时 2 分钟左右。

为了准确和熟悉起见,可重复多做几次。

2. 电度表灵敏度的测试

电度表灵敏度的测试要用到专用的变阻器,一般都不具备。此处可将图 26-1 中的灯组负载改成三组灯组相串联,并全部用 220V、15W 灯泡。再在电度表与灯组负载之间串接 8W,30～10kΩ 的电阻(取自 DG09 挂箱上的 8W,10kΩ、20kΩ 电阻)。每组先开通一只灯泡,接通 220V 后看电度表转盘是否开始转动,然后逐只增加灯泡或者减少电阻,直到转盘开始转动。记下使转盘刚开始转动的最小电流值,计算电度表的灵敏度。

做此实验前应使电度表转盘的着色标记处于可看见的位置。由于负载很小,转盘的转动很缓慢,必须耐心观察。

3. 检查电度表的潜动是否合格

断开电度表的电流线圈回路,调节调压器的输出电压为额定电压的 110%(即 242V),仔细观察电度表的转盘有否转动。一般允许有缓慢地转动。若转动不超过一圈即停止,则该电度表的潜动为合格;反之则不合格。

实验前应使电度表转盘的着色标记处于可看见的位置。由于"潜动"非常缓慢,要观察正常的电度表"潜动"是否超过一圈,需要一小时以上。

五、预习要求

查找有关资料,了解电度表的结构、原理及其检定方法。

六、注意事项

(1) 本实验台配有一只电度表,实验时,只要将电度表挂在 TKDG-04 挂箱上的相应位置,并用螺母紧固即可。接线时要御下护板。实验完毕,拆除线路后,要装回护板。

(2) 记录时,同组同学要密切配合,秒表定时、读取转数和电度表读数步调要一致,以确保测量的准确性。

(3) 实验中用到 220V 强电,操作时应注意安全。凡需改动接线,必须切断电源,接好线后,检查无误后才能通电。

七、思考题

电度表接线有哪些错误接法,它们会造成什么后果?

八、实验报告要求

(1) 对被校电度表的各项技术指标做出评论。
(2) 对校表工作的体会。

实验二十七　功率因数及相序的测量

一、实验目的

(1) 掌握三相交流电路相序的测量方法。
(2) 熟悉功率因数表的使用方法,了解负载性质对功率因数的影响。

二、原理说明

图 27-1 为相序指示器电路,用以测定三相电源的相序 A、B、C(或 U、V、W)。它是由一个电容器和两个电灯连接成的星形不对称三相负载电路。如果电容器所接的是 A 相,则灯光较亮的是 B 相,较暗的是 C 相。相序是相对的,任何一相均可作为 A 相。但 A 相确定后,B 相和 C 相也就确定了。

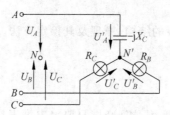

图 27-1　相序指示器电路

为了分析问题简单起见,设　$X_C = R_B = R_C = R, U_A = U_p \angle 0°$

则 $$U_{N'N} = \frac{U_p\left(\frac{1}{-jR}\right) + U_p\left(-\frac{1}{2} - j\frac{\sqrt{3}}{2}\right)\frac{1}{R} + U_p\left(-\frac{1}{2} + j\frac{\sqrt{3}}{2}\right)\frac{1}{R}}{-\frac{1}{jR} + \frac{1}{R} + \frac{1}{R}}$$

$$U'_B = U_B - U_{N'N} = U_p\left(-\frac{1}{2} - j\frac{\sqrt{3}}{2}\right) - U_p(-0.2 + j0.6)$$

$$= U_p(-0.3 - j1.466) = 1.49 U_p \angle -101.6°$$

$$U'_C = U_C - U_{N'N} = U_p\left(-\frac{1}{2} + j\frac{\sqrt{3}}{2}\right) - U_p(-0.2 + j0.6)$$

$$= U_p(-0.3 + j0.266) = 0.4 U_p \angle -138.4°$$

由于 $U'_B > U'_C$,故 B 相灯光较亮。

三、实验设备

可调三相交流电源	0～450V	一台
交流数字电压表	0～500V	一只
交流数字电流表	0～5A	一只
白炽灯组负载	TKDG-04：220V/15W	三只
电感线圈	TKDG-04：30W 日光灯镇流器	一个
电容器	TKDG-05：1μF，4.7μF	各一只

四、实验内容

1. 相序的测定

(1) 用 220V、15W 白炽灯和 1μF/500V 电容器，按图 27-1 接线，经三相调压器接入线电压为 220V 的三相交流电源，观察两只灯泡的亮、暗，判断三相交流电源的相序。

(2) 将电源线任意调换两相后再接入电路，观察两灯的明亮状态，判断三相交流电源的相序。

2. 电路有功功率(P)和功率因数($\cos\varphi$)的测定

按图 27-2 接线，按下表 27-1 所述在 A、B 间接入不同器件，记录 $\cos\varphi$ 表及其他各表的读数于表 27-1 中，并分析负载性质。

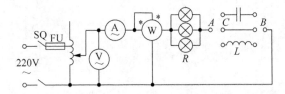

图 27-2　电路有功功率(P)和功率因数($\cos\varphi$)的测定线路

表　27-1

A、B 间	U/V	U_R/V	U_L/V	U_C/V	I_A	P/W	$\cos\varphi$	负载性质
短接								
接入 C								
接入 L								

说明：C 为 4.7μF/500V，L 为 30W 日光灯镇流器。

五、预习要求

根据电路理论，分析图 27-1 检测相序的原理。

六、注意事项

每次改接线路都必须先断开电源。

七、实验报告要求

(1) 简述实验线路的相序检测原理。

(2) 根据 U、I、P 三表测定的数据,计算出 $\cos\varphi$,并与 $\cos\varphi$ 表的读数比较,分析误差原因。

(3) 分析负载性质与 $\cos\varphi$ 的关系。

附录 A　TKDG-2型电工实验装置

一、概述

电工实验装置是根据目前"电路理论"、"电工基础"教学大纲和实验大纲的要求,广泛吸收各高等院校从事该课程教学和实验教学教师的建议,并综合了国内各类实验装置的特点而设计的最新产品。全套设备能满足各类学校"电路理论"、"电工基础"课程的实验要求。

本装置是由实验屏、实验桌和若干实验组件挂箱等组成的,其外观图如图 A1 所示。

图 A1　TKDG-2型电工实验装置外观图

二、实验屏操作、使用说明

实验屏为铁质喷塑结构,铝质面板。屏上主面板固定装置着交直流电源的起动控制装置,三相交流电源电压指示切换装置,低压直流稳压电源、恒流源、0~500V 交流电压表、智能函数信号发生器、定时器兼报警记录仪、长条板装有智能交流电压表、智能交流电流表、智能直流电压表、智能直流电流表和受控源等。

1. 交流电源的启动

(1) 实验屏的左后侧有一根接有三相四芯插头的电源线,先在电源线下方的接线柱上接好机壳的接地线,然后将三相四芯插头接通三相四芯 380V 交流市电。开启空气开关,屏左侧的三相四芯插座即可输出三相 380V 交流电。必要时此插座上可插另一实验装置的电源线插头。但请注意,连同本装置在内,串接的实验装置不能多于三台。

（2）将实验屏左侧面的三相自耦调压器的手柄调至零位,即逆时针旋到底。

（3）将"电压指示切换"开关置于"三相电网输入"侧。

（4）开启钥匙式电源总开关,停止按钮灯亮（红色）,三只电压表（0～450V）显示输入三相电源线电压之值,此时,实验屏左侧面单相二芯 220V 电源插座和右侧面的单相三芯 220V 处均有相应的交流电压输出。

（5）按下启动按钮（绿色）,红色按钮灯灭,绿色按钮灯亮,同时可听到屏内交流接触器的瞬间吸合声,面板上与 $U1$、$V1$ 和 $W1$ 相对应的黄、绿、红三个 LED 指示灯亮。至此,实验屏启动完毕。

2. 三相可调交流电源输出电压的调节

（1）将三相"电源指示切换"开关置于右侧（三相调压输出）,三只电压表指针回到零位。

（2）按顺时针方向缓慢旋转三相自耦调压器的手柄,三只电压表将随之偏转,即显示屏上三相可调电压输出端 U、V、W 两两之间的线电压之值,直至调节到某实验内容所需的电压值。实验完毕,将旋柄调回零位,并将"电压指示切换"开关拨至左侧。

3. 用于实验的日光灯使用

本实验屏上有个 30W 日光灯管,供实验使用。实验用灯管的 4 个引脚已独立引至屏上,以供日光灯实验用。

4. 定时兼报警记录仪

（1）定时器与报警记录仪是专门为教师对学生的实验考核而设置的,可以调整考核时间。到达设定时间,可自动断开电源。

（2）操作方法。

① 开机。开机即显示当前时钟。

② 设置键。当按设置键时,时钟不走动,表示可以输入定时时间,按数位键把小数点移到要修改的位置,按数据键,让数码管显示当前所需值,末位输入 9,再按设置键,显示"666666"表明设置成功。当显示"55555"表时表明输入有误,需重新输入。

③ 定时键。可查询当前定时时间。

④ 故障键。可查询当前故障。按"故障"键,数显分别显示 NO.1-NO.6 单元报警次数。

⑤ 运行提示。当计时时间到达所设定的结束（报警）时间后,机内接触器跳闸。跳闸后,有两种方法可使本表恢复到初始状态。

a. 按"设置"键,设置新的结束时间。

b. 本装置的总电源,10s 后重新启动。

5. 低压直流稳压、恒流电源输出与调节

直流电压源、直流电流源如图 A2 的第四排所示。

开启如图 A2 所示的长条板装置中的直流稳压电源带灯开关,两路输出插孔均有电压输出。

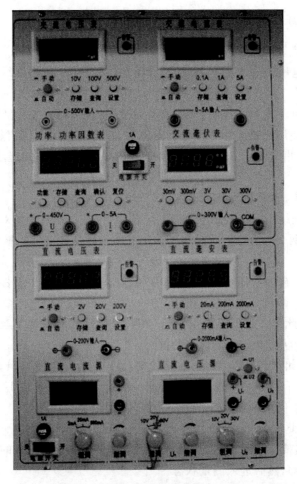

图 A2 长条板装有智能仪表与电源

（1）将"电压指示切换"按键弹起，数字式电压表指示第一路输出的电压值；将此按键按下，则电压表指示第二路输出的电压值。

（2）调节"输出调节"细调电位器旋钮可平滑地调节输出电压值。调节范围为 0～10V，10～20V，20～30V（切换粗调开关），额定电流为 1A。

（3）两路稳压源既可单独使用，也可组合构成 0～±30V 或 0～＋60V 电源。

（4）两路输出均设有短路软截止保护功能，但应尽量避免输出短路。

（5）恒流源的输出与调节。

将负载接至"恒流输出"两端，开启恒流源开关，数字式毫安表即指示输出电流之值。调节"输出粗调"转换开关和"输出细调"电位器旋钮，可在三个量程段（满度为 0～2mA、0～20mA 和 0～500mA）连续调节输出的恒流电流值。

（6）本恒流源设有开路保护功能。

操作注意事项。当输出口接有负载时，如果需要将"输出粗调"波段开关从低挡向高挡切换，则应将输出"细调旋钮"调至最低（逆时针旋到头），再拨动"输出粗调"开关。否则会使输出电压或电流突增，可能导致负载器件损坏。

6. 直流数字电压、毫安表

直流数字电压表、直流数字毫安表如图 A2 的第三排所示。

（1）直流数字电压表由 4 位半 A/D 转换器和 5 个 LED 共阴极绿色数码管等组成，量程分 2V、20V、200V 三挡，有手动和自动量程，如图 A2 所示。当处于手动量程时，需按相应按钮切换量程。当处于自动挡位时，仪表自动调整量程。被测电压信号应并接在 0～200V、＋、－两个插孔处，使用时要注意选择合适的量程，否则若被测电压值超过所选择挡位的极限值，则该仪表告警指示灯亮。控制屏内蜂鸣器发出告警信号，重新选择量程或测量值时恢复正常工作。

注：每次用完毕，要放在最大量程挡 200V 挡。

（2）直流毫安表结构特点类似数字直流电压表，只是这里的测量对象是电流，即仪表的 0～2000mA、＋、－两个输入端应串接在被测电路中；量程分 20mA、200mA、2000mA 三挡，其余同上。

（3）当仪表处于自动量程时，仪表具有存储、查询功能，但掉电不保存。

（4）键盘使用。

① 存储键。按此键将对当前数据进行存储，当存储成功时回显当前存储位置（1-F-1）约 1s，然后进入测量状态并显示当前瞬时值。

② 查询键。按此键将根据"后进先出"原则，显示所存组数及该组数据，要全部查询，请连续按此键，数码显示器将循环显示所存数据。当用户停止按键约 1s 后，系统将进入测量状态并显示当前瞬时值。

③ 修改键。按此键，数码显示器将循环显示组数（1-F-1），在显示组数的时候按存储键，即可将改组数据替换为当前值，然后进入测量状态；在显示组数的时候按查询键，即可显示该组数据（约 1s），然后进入测量状态。

7. 智能交流电流表

智能交流电流表如图 A2 的第一排右边所示。

（1）能对交流电流信号进行有效值测量，测量范围 0～5A，量程自动判断、自动切换，精度 0.5 级，4 位数码显示。同时能对数据进行存储、查询、修改（共 15 组，掉电保存）。测量时将被测信号线串接入测量端口即可进行测量。有手动与自动量程，当处于手动量程时，如果超量程，告警指示灯亮。分 100mA，1000mA，5A 三挡。

（2）键盘使用。

① 存储键。按此键将对当前数据进行存储，当存储成功时回显当前存储位置（1-F-1）约 1s，然后进入测量状态并显示当前瞬时值。

② 查询键。按此键将根据"后进先出"原则，显示所存组数及该组数据，要全部查询，请连续按此键，数码显示器将循环显示所存数据。当用户停止按键约 1s 后，系统将进入测量状态并显示当前瞬时值。

③ 修改键。按此键，数码显示器将循环显示组数（1-F-1），在显示组数的时候按存储键，即可将改组数据替换为当前值，然后进入测量状态；在显示组数的时候按查询键，即可显示该组数据（约 1s），然后进入测量状态。

8. 智能交流电压表

智能交流电流表如图 A2 的第一排左边所示。

(1) 能对交流电流信号进行真有效值测量,测量范围为 0～500V,量程自动判断、自动切换,精度 0.5 级,4 位数显。同时能对数据进行存储、查询、修改(共 15 组,掉电保存)测量时将被测信号线并接入测量端口即可进行测量。有手动与自动量程,当处于手动量程时,如果超量程,告警指示灯亮。分三挡即 10V、100V、500V。

(2) 键盘使用。

① 存储键。按此键将对当前数据进行存储,当存储成功时回显当前存储位置(1-F-1)约 1s,然后进入测量状态并显示当前瞬时值。

② 查询键。按此键将根据"后进先出"原则,显示所存组数及该组数据,要全部查询,请连续按此键,数码显示器将循环显示所存数据。当用户停止按键约 1s 后,系统将进入测量状态并显示当前瞬时值。

③ 修改键。按此键,数码显示器将循环显示组数(1-F-1),在显示组数的时候按存储键,即可将改组数据替换为当前值,然后进入测量状态;在显示组数的时候按查询键,即可显示该组数据(约 1s),然后进入测量状态。

9. 单三相智能型功率、功率因数表

功率、功率因数表如图 A2 的第二排左边所示。

(1) 由 24 位专用 DSP、16 位高精度 A/D 转换器和高速 MPU 单元设计而成,通过键控、数显窗口实现人机对话功能控制模式。软件上采用 RTOS 设计思路,同时配有 PC 监控软件来加强分析能力。能同时测量两路单相功率 P_1、P_2,并通过单独 5 位 LED 显示两路功率之和(两表法测量三相总功率)。功率测量精度为 1.0 级,功率因数测量范围 0.3～1.0,电压电流量程为 450V 和 5A,能自动判别负载性质(感性显示 L,容性显示 C,纯电阻不显示),并可存储测量数据,供随时查阅。

(2) 主要技术指标。

① 功能。可测量三相交流负载总功率或单相交流负载功率、电压、电流;可显示电路的功率因数及负载性质、周期、频率;可记录、储存和查询 15 组数据等。

② 测量精度<1%

③ 量程范围。电压 5～450V、电流 50mA～5A(量程分八挡自动切换)。

(3) 测量线路。

单瓦特表法测量单相负载功率的接线原理图,如图 A3 所示。双表法测量三相负载功率的接线原理图,如图 A4 所示。

(4) 使用方法。

① 按图接好线路(单相时,两组表可任选一只)。

② 接通电源,或按"复位"键后,面板上各 LED 数码管将循环显示 P,表示测试系统已准备就绪,进入初始状态。

③ 面板上有一组键盘,5 个按键,在实际测试过程中只用到"复位"、"功能"、"确认"三个键。

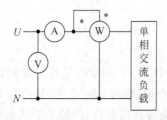
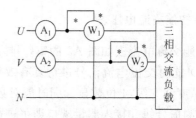

图 A3　单表法测单相功率的接线图　　　　　图 A4　双表法测三相负载功率的接线图

a. "功能"键。是仪表测试与显示功能的选择键。若连续按动该键 7 次,则 5 只 LED 数码管将显示 7 种不同的功能指示符号,7 个功能符分述如表 A1 所示。

表 A1　连续操作"功能"键时显示的七种功能符号及其含义

次数	1	2	3	4	5	6	7
显示	P.	COS.	FUC.	CCP.	dA. CO	dSPLA.	PC.
含义	功率	功率因数及负载性质	被测信号频率	被测信号周期	数据记录	数据查询	升级后使用

b. "确认"键。在选定上述前 8 个功能之一后,按一下"确认"键,该组显示器将切换显示该功能下的测试结果数据。

c. "复位"键。在任何状态下,只要按一下此键,系统便恢复到初始状态。

④ 具体操作过程如下。

a. 接好线路→开机(或按"复位"键)→选定功能(前 6 个功能之一)→按"确认"键→待显示的数据稳定后,读取数据(电压单位为 V;电流单位为 A;功率单位为 W;频率单位为 Hz;周期单位为 ms)。

b. 选定 dA. CO 功能→按"确认"键→显示 1(表示第一组数据已经储存好)。如重复上述操作,显示器将顺序显示 2、3、…、E、F,表示共记录并储存了 15 组测量数据。

c. 选定 dSPLA 功能→按"确认"键→显示最后一组储存的功率值→再按"确认"键,显示最后一组储存的功率因数值及负载性质(闪动位表示储存数据的组别;第二位显示负载性质,C 表示容性,L 表示感性;后三位为功率因数值)→再按"确认"键→显示倒数第二组的功率值(显示顺序为从第 F 组到第一组)。可见,在需要查询结果数据时,每组数据需分别按动两次"确认"键,以分别显示功率和功率因数值及负载性质。

(5) 注意事项。

① 在测量过程中,外来的干扰信号难免要干扰主机的运行,若出现死机,请按"复位"键。

② 必须在测试了一组数据之后,才能用 dA. CO 项做记录。

③ "数据"键与"数位"键在正常测试情况下不使用,仅出厂调试时才用到。

④ 测量过程中显示器显示 COU. 表示要继续按功能键。

⑤ 选择测量功率时,在按过"确认"键,需等显示的数据跳变 2 次且稳定后再读取数据。

⑥ 总功率显示的是两只功率表的算术和。

10. 交流毫伏表

交流毫伏表如图 A2 的第二排右边所示。

(1) 本系列毫伏表采用单片机控制技术和液晶点阵技术,集模拟与数字技术于一体,是一种通用型智能化的全自动数字交流毫伏表。适用于测量频率 5Hz～2MHz,电压 $100\mu V$～300V 的正弦波有效值电压。具有测量精度高,测量速度快,输入阻抗高,频率影响误差小等优点。具备自动/手动测量功能,同时显示电压值和 dB/dBm 值,以及量程和通道状态,显示清晰直观,使用方便,可广泛应用于工厂、实验室、科研单位、部队和学校,具备 RS-232通信功能。

(2) 主要技数参数。

本仪器挡位分为 30mV,300mV,3V,30V,300V 共 5 挡,当被测电压高于量程的 10%时,将出现报警和指示等闪烁。当被测电压低于量程 10%时,将出现指示灯交替闪烁,出现上述现象时请更换挡位。

11. 函数信号发生器

参见附录 B TKDDS-1 型函数信号发生器。

12. 受控源的使用

电源为内部供给(打开电源开关),通过适当的连接(见实验指导书),可获得 VCVS、VCCS、CCVS、CCCS 等功能。此外,还可输出 ±12V 两路直流稳定电压,并有发光二极管指示,可作为电源进行对外供电。

三、实验桌

实验桌上装有实验控制屏,并有一个较宽敞的工作台面,在实验桌的正前方设有两个抽屉,可放置实验连接线等配件。

四、实验组件挂箱

1. TKDG-03 电工基础实验挂箱(大挂箱)

提供基尔霍夫定理/叠加原理、戴维南定理/诺顿定理、双口网络/互易定理、一阶、二阶动态数据、RC 串并联选频网络、RLC 串联谐振电路。各实验器件齐全,实验单元分明,实验线路完整清晰。在需要测量电流的支路上均设有电流插座。

2. TKDG-04 交流电路实验挂箱(大挂箱)

提供单相、三相、日光灯、变压器、互感器、电度表等实验所需的器件。

灯组负载为三个各自独立的白炽灯组,可连接成 Y 形或 △ 形两种形式,每个灯组设有三只并联的白炽灯罗口灯座(每个灯组均设有三个开关,控制三个并联支路的通断),可装

60W 以下的白炽灯 9 只,各灯组均设有电流插座。日光灯实验器件有 30W 镇流器、$4.7\mu F$ 电容器、$2\mu F$ 电容器、启辉器插座、短路按钮各 1 只;50W、36V/220V 升压变压器,原、副边均设有电流插座;互感器,实验时临时挂上,两个空心线圈 $L1$、$L2$ 装在滑动架上,可调节两个线圈间的距离,可将小线圈放到大线圈内,并附有大、小铁棒各 1 根和非导磁铝棒 1 根;电度表 1 只,规格为 220V、3A/6A,实验时临时挂上,其电源线、负载进线均已接在电度表接线架的空心接线柱上,以便接线。

3. TKDG-05 元件挂箱(小挂箱)

提供实验所需各种外接元件(如电阻器、发光二极管、稳压管、电容器、电位器及 12V 灯泡等),还提供十进制可变电阻箱,输出阻值为 $0\sim99\,999.9\Omega/1W$。

4. TKDG-05-1 日光灯实验电路

该实验电路提供日光灯、受控源电路等实验所需的器件;提供日光灯实验需要的灯管、整流器、启辉器、功率因数补偿电容等元件;提供 VCVS、VCCS、CCVS、CCCS 等基本电路模块,可以根据需要进行连接。

5. TKDG-14 继电接触控制箱

此控制箱提供交流接触器(线圈电压 220V)三只、热继电器 1 只、时间继电器 1 只、带灯复合按钮 3 只(黄、绿、红各 1 只)、变压器(原边 220V,副边两个绕组分别为 26V,6.3V)1 只、桥堆 1 只、25W 功率电阻 1 只。面板上画有器件的外形,并将供电线圈、开关触点等均已引出,供实验接线用。

五、实验连接线

根据不同实验项目的特点,配备两种不同的实验连接线。强电部分采用高可靠护套结构手枪插连接线,不存在任何触电的可能。里面采用无氧铜抽丝而成的头发丝般细的多股线,达到超软目的;外包丁氰聚氯乙烯绝缘层,具有柔软、耐压高、强度大、防硬化、韧性好等优点。插头采用实心铜质件外套铍青铜弹片,接触安全可靠。弱电部分采用弹性铍青铜裸露结构连接线,两种导线都只能配合相应内孔的插座,不能混插,大大提高了实验的安全及合理性。

六、装置的安全保护系统

(1) 三相四线制电源输入,总电源由断路器和三相钥匙开关控制,设有电压型漏电保护、电流型漏电保护、互导线强制保护三重人身安全保护体系。

(2) 控制屏实验电源由交流接触器通过启动、停止按钮进行控制。

(3) 屏上装有电压型漏电保护装置,控制屏内或强电输出若有漏电现象,即告警并切断总电源,确保实验进程的安全。

(4) 各种电源及各种仪表均有一定的保护功能。

（5）屏内设有过流保护装置，当交流电源输出有短路或负载电流过大时，会自动切断交流电源，以保护实验装置。

七、装置的保养与维护

（1）装置应放置平稳，平时注意清洁，长时间不用时最好加盖保护布或塑料布。

（2）使用前应检查输入电源线是否完好，屏上开关是否置于"关"的位置，调压器是否回到零位。

（3）使用中，对各旋钮进行调节时，动作要轻，用力切忌过度，以防旋钮开关等损坏。

（4）如遇电源、仪器及仪表不工作时，应关闭控制屏电源，检查各熔断器熔管是否完好。

（5）更换挂箱时，动作要轻，防止强烈碰撞，以免损坏部件及影响外表等。

附录 B TFG1905B 型函数发生器

一、概述

DDS 函数信号发生器 TFG1905B 正弦波频率范围：40mHz～5MHz；波形种类：正弦波，方波，锯齿波，指数，对数，噪声等 16 种波形；波形长度：1024 点；采样速率：100 MSa/s；波形幅度分辨率：8 bits。TFG1905B 型函数发生器采用了 DDS 直接数字合成技术，将大量的模拟器件以大规模数字集成电路替代，可靠性得以大大增加。数字电路固有的精确性和稳定性，对调试用的仪器具有特殊的意义，仪器参数的可知性和可控性实现了质的飞跃。它是计算机、通信、测试测量技术的一次跨学科集成，代表了仪器仪表追随电脑技术发展的趋势。

传统信号发生器是模拟式的，最初是采用振荡器产生正弦波，后来通过三角波整形，于是出现函数波形信号发生器，为提高频率稳定度，引进了锁相技术。由于模拟方法的固有缺陷，频率稳定度成了瓶颈，尤其是在低频端，并且，扫频频率范围难以确定以及变频时波形相位存在跳动，对观察测量造成困难。DDS 技术的出现，一改传统的模拟方法，采用了全数字概念和大规模集成电路，因其原理与晶振信号分频非常相似，故能轻松得到与晶振相同的频率稳定度，即使在极低频时依然如此；频率变换速度快(可达 ns 量级)，变频时相位连续；频率分辨率极高，且只受制于所用集成电路的规模，由于电路中只有很少的模拟器件，仪器原稳定性和可靠性都得到了显著的提高。

二、TFG1905B 型函数发生器的基本使用方法

1. 键盘说明

TFG1905B 型函数发生器前面板示意图如图 B1 所示。该面板上有一个手轮以及 28 个按键：14 个功能键，12 个数字键，2 个左右方向键，各按键的功能如下：

【0】、【1】、【2】、【3】、【4】、【5】、【6】、【7】、【8】、【9】：数字输入键。

【.】：小数点输入键。

【一】：负号输入键，在"偏移"选项时输入负号。在其他时候可以循环开启和关闭按键声响。

【<】：光标闪烁位左移键，数字输入时退格删除键。

【>】：光标闪烁位右移键。

【Freq】、【Period】：循环选择频率和周期，在校准功能时取消校准。

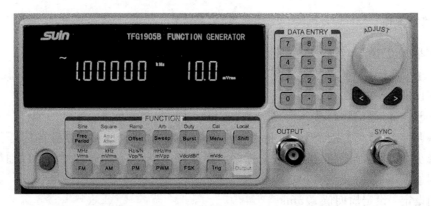

图 B1　FG1905B 型函数发生器前面板示意图

【Ampl】、【Atten】：循环选择幅度和衰减。

【Offset】：选择偏移。

【FM】、【AM】、【PM】、【PWM】、【FSK】、【Sweep】、【Burst】：分别选择和退出频率调制，幅度调制，相位调制，脉宽调制，频移键控，频率扫描和脉冲串功能。

【Trig】：在频率扫描，FSK 调制和脉冲串功能时选择外部触发。

【Output】：循环开通和关闭输出信号。

【Shift】：选择上挡键，在程控状态时返回键盘功能。

【Sine】、【Square】、【Ramp】：上挡键，分别选择正弦波、方波和锯齿波三种常用波形。

【Arb】：上挡键，使用波形序号选择 16 种波形。

【Duty】：上挡键，在方波时选择占空比，在锯齿波时选择对称度。

【Cal】：上挡键，选择参数校准功能。

单位键：下排六个键的上面标有单位字符，但并不是上挡键，而是双功能键，直接按这 6 个键执行键面功能，如果在数据输入之后再按这 6 个键，可以选择数据的单位，同时作为数据输入的结束。

【Menu】：菜单键，在不同的功能时循环选择不同的选项，如表 B1 所示。

表 B1　菜单键选项表

功　　能	菜单键选项
连续	波形相位，版本号
频率扫描	始点频率，终点频率，扫描时间，扫描模式
脉冲串	重复周期，脉冲计数，起始相位
频率调制	调制频率，调频频偏，调制波形
幅度调制	调制频率，调幅深度，调制波形
相位调制	调制频率，相位偏移，调制波形
脉宽调制	调制频率，调宽深度，调制波形
频移健控	跳变速率，跳变频率
校准	校准值：零点，偏移，幅度，频率，幅度平坦度

2. 基本操作

下面举例说明基本操作方法,可满足一般使用的需要。

(1) 连续功能:开机后默认连续功能,输出连续信号。

频率设定:设定频率值 3.5kHz

【Freq】【3】【.】【5】【kHz】。

频率调节:按【＜】或【＞】键可移动光标闪烁位,左右转动旋钮可使光标闪烁位的数字增大或减小,并能连续进位或借位。光标向左移动可以粗调,光标向右移动可以细调。其他选项数据也都可以使用旋钮调节,以后不再重述。

周期设定:设定周期值 2.5ms

【Period】【2】【.】【5】【ms】。

幅度设定:设定幅度值为 1.5Vpp

【Ampl】【1】【.】【5】【Vpp】。

衰减设定:设定衰减 0dB(开机后默认自动衰减 Auto)

【Atten】【0】【dB】。

偏移设定:设定直流偏移 −1Vdc

【Offset】【−】【1】【Vdc】。

常用波形选择:选择方波(开机后默认正弦波)

【Shift】【Square】。

占空比设定:设定方波占空比 20％

【Shift】【Duty】【2】【0】【％】。

波形选择:选择指数波形(波形号 9,见波形序号表)

【Shift】【Arb】【1】【2】【N】。

以下为功能设置,为方便观测先将连续信号设置为正弦波形,幅度 1Vpp,偏移 0Vdc。

(2) 频率扫描功能。

【Sweep】:输出频率扫描信号。

始点频率设定:设定始点频率 5kHz

【Menu】:使"Start"字符点亮,按【5】【kHz】。

终点频率设定:设定终点频率 2kHz

【Menu】:使"Stop"字符点亮,按【2】【kHz】。

扫描时间设定:设定扫描时间 5s

【Menu】:使"Time"字符点亮,按【5】【s】。

扫描模式设定:设定对数扫描模式

【Menu】:【1】【N】。

触发扫描设定:按【Trig】键,扫描到达终点后停止,然后每按一次【Trig】键,触发扫描一次。再按【Sweep】键,恢复连续扫描。

(3) 脉冲串功能:连续频率设置 1kHz。

【Burst】键,输出脉冲串信号。

重复周期设定:设定重复周期 5ms

【Menu】键,使"Period"字符点亮,按【5】【ms】。

脉冲计数设定:设定脉冲计数 1 个

【Menu】键,使"Ncyc"字符点亮,按【1】【N】。

起始相位设定:设定起始相位 180°

【Menu】键,使"Phase"字符点亮,按【1】【8】【0】【°】。

触发脉冲串设定:按【Trig】键,脉冲串输出停止,然后每按一次【Trig】键,触发一次脉冲串。再按【Burst】键,恢复连续脉冲串。

(4) 频率调制功能:连续频率设置 20kHz。

【FM】键,输出频率调制信号。

调制频率设定:设定调制频率 10Hz

【Menu】键,使"Mod_f"字符点亮,按【1】【0】【Hz】。

频率偏差设定:设定频率偏差 2kHz

【Menu】键,使"Devia"字符点亮,按【2】【kHz】。

调制波形设定:设定调制波形三角波

【Menu】键,使"Shape"字符点亮,按【2】【#】。

(5) 幅度调制功能。

【AM】键,输出幅度调制信号。

调制频率设定:设定调制频率 1kHz

【Menu】键,使"Mod_f"字符点亮,按【1】【kHz】。

调幅深度设定:设定调幅深度 50%

【Menu】键,使"Depth"字符点亮,按【5】【0】【%】。

调制波形设定:设定调制波形正弦波

【Menu】键,使"Shape"字符点亮,按【0】【#】。

(6) 相位调制功能。

【PM】键,输出相位调制信号。

调制频率设定:设定调制频率 10kHz

【Menu】键,使"Mod_f"字符点亮,按【1】【0】【kHz】。

相位偏差设定:设定相位偏差 180°

【Menu】键,使"Devia"字符点亮,按【1】【8】【0】【°】。

调制波形设定:设定调制波形方波

【Menu】键,使"Shape"字符点亮,按【1】【#】。

(7) 脉宽调制功能。

【PWM】键,输出脉宽调制信号。

调制频率设定:设定调制频率 1Hz

【Menu】键,使"Mod_f"字符点亮,按【1】【Hz】。

脉宽偏差设定:设定脉宽偏差 80%

【Menu】键,使"Devia"字符点亮,按【8】【0】【%】。

调制波形设定:设定调制波形正弦波

【Menu】键,使"Shape"字符点亮,按【0】【#】。

（8）频移键控功能：波形设置为正弦波。

【FSK】键，输出频移键控信号。

跳变速率设定：设定跳变速率 1kHz

【Menu】键，使"Rate"字符点亮，按【1】【kHz】。

跳变频率设定：设定跳变频率 2kHz

按【Menu】键，使"Hop"字符点亮，按【2】【kHz】。

附录 C　DS5000 系列示波器简介

一、DS5000 系列的前面板和用户界面

DS5000 向用户提供了如图 C1 所示的简单而功能明晰的前面板以进行基本的操作。面板上包括旋钮和功能按键,旋钮的功能与其他示波器类似。显示屏右侧一列的 5 个灰色按键为菜单操作键(自上而下定义为 1～5 号)。通过它们,您可以设置当前菜单的不同选项。其他按键(包括彩色按键)为功能键,通过它们,您可以进入不同的功能菜单或直接获得特定的功能应用。

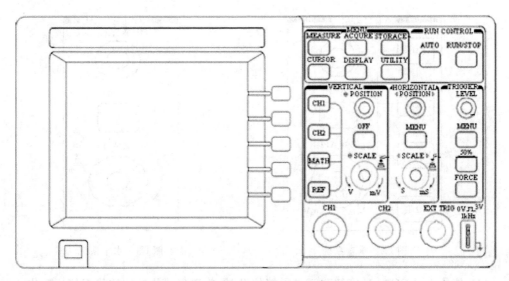

图 C1　DS5000 系列示波器前面板

1. 垂直系统

如图 C2 所示,在垂直控制区(VERTICAL)有一系列的按键、旋钮。下面的练习将逐渐引导您熟悉垂直设置的使用。

使用垂直 POSITION 旋钮在波形窗口居中显示信号。POSITION 旋钮控制信号的垂直显示位置。当转动垂直 POSITION 旋钮时,指示通道地(GROUND)的标识跟随波形而上下移动。

测量技巧。如果通道耦合方式为 DC,就可以通过观察波形与信号地之间的差距来快速测量信号的直流分量。如果耦合方式为 AC,信号里面的直流分量就会被滤除。这种方式方便您用更高的灵敏度显示信号的交流分量。改变垂直设置,并观察因此导致的状态信

息变化。通过波形窗口下方的状态栏显示的信息,可以确定任何垂直挡位的变化。

① 转动垂直 SCALE 旋钮改变 V/div(伏/格)垂直挡位,可以发现状态栏对应通道的挡位显示发生了相应的变化。

② 按 CH1、CH2、MATH、REF,屏幕显示对应通道的操作菜单、标识、波形和挡位状态信息。按 OFF 按键关闭当前选择的通道。

注意:OFF 按键具备关闭菜单的功能。当菜单未隐藏时,按 OFF 按键可快速关闭菜单。如果在按 CH1 或 CH2 后立即按 OFF,就可以同时关闭菜单和相应通道。

③ COARSE/FINE(粗调/细调)快捷键。

切换粗调/细调不但可以通过此菜单操作,更可以通过按下垂直 SCALE 旋钮,作为设置输入通道的粗调/细调状态的快捷键。

2. 水平系统

如图 C3 所示,在水平控制区(HORIZONTAL)有一个按键、两个旋钮。下面的练习将逐渐引导用户熟悉水平时基的设置。

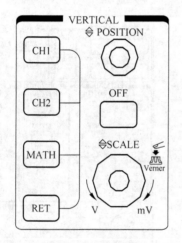
图 C2　垂直系统

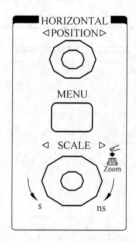
图 C3　水平系统

(1)使用水平 SCALE 旋钮改变水平挡位设置,并观察因此导致的状态信息变化。

① 转动水平 SCALE 旋钮改变 s/div(秒/格)水平挡位,可以发现状态栏对应通道的挡位显示发生了相应的变化。水平扫描速度从 1ns～50s,以 1-2-5 的形式步进,在延迟扫描状态可达到 10ps/div。

② DELAYED(延迟扫描)快捷键水平 SCALE 旋钮不但可以通过转动调整 s/div(秒/格),更可以按下切换到延迟扫描状态。

(2)使用水平 POSITION 旋钮调整信号在波形窗口的水平位置。

水平 POSITION 旋钮控制信号的触发位移或其他特殊用途。当应用于触发位移时,转动水平 POSITION 旋钮时,可以观察到波形随旋钮而水平移动。

(3)按 MENU 按钮,显示 TIME 菜单。

① 此菜单下,可以开启/关闭延迟扫描或切换 Y-T、X-Y 显示模式。

② 还可以设置水平 POSITION 旋钮的触发位移或触发释抑模式。

　　a. 触发位移。指实际触发点相对于存储器中点的位置。转动水平 POSITION 旋钮，可水平移动触发点。

　　b. 触发释抑。指重新启动触发电路的时间间隔。转动水平 POSITION 旋钮，可设置触发释抑时间。

3. 触发系统

　　如图 C4 所示，在触发控制区(TRIGGER)有一个旋钮、三个按键。下面的练习将逐渐引导用户熟悉触发系统的设置。

　　(1) 使用 LEVEL 旋钮改变触发电平设置。转动 LEVEL 旋钮，可以发现屏幕上出现一条橘红色(单色液晶系列为黑色)的触发线以及触发标志，随旋钮的转动上下移动。停止转动旋钮，此触发线和触发标志会在约 5s 后消失。在移动触发线的同时，可以观察到屏幕上的触发电平数值或百分比显示发生了变化。(在触发耦合为交流或低频抑制时触发电平以百分比显示。)

　　(2) 使用 MENU 调出触发操作菜单(见图 C5)，改变触发的设置，观察由此造成的状态变化。

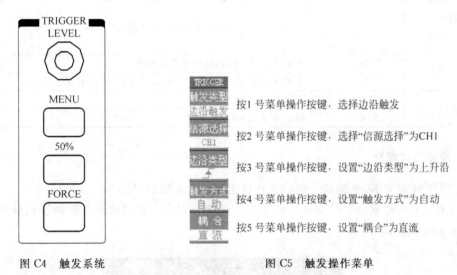

图 C4　触发系统　　　　　　　　图 C5　触发操作菜单

按1 号菜单操作按键，选择边沿触发

按2 号菜单操作按键，选择"信源选择"为CH1

按3 号菜单操作按键，设置"边沿类型"为上升沿

按4 号菜单操作按键，设置"触发方式"为自动

按5 号菜单操作按键，设置"耦合"为直流

　　(3) 按 50% 按钮，设定触发电平在触发信号幅值的垂直中点。

　　(4) 按 FORCE 按钮。强制产生一触发信号，主要应用于触发方式中的"普通"和"单次"模式。

二、高级用户指南

　　在初步熟悉 DS5000 示波器的垂直控制区、水平控制区、触发系统的操作，以及前面板各功能区和按键、旋钮作用的基础上，用户应该了解 DS5000 多样的测量功能和其他操作方法。

1. CH1、CH2 通道的设置

　　每个通道有独立的垂直菜单。每个项目都按不同的通道单独设置。

按 CH1 或 CH2 功能按键,系统显示 CH1 通道的操作菜单,说明见表 C1。

表 C1 通道操作菜单

功能菜单	设 定	说 明
耦合	交流	阻挡输入信号的直流成分
	直流	通过输入信号的交流和直流成分
	接地	断开输入信号
带宽限制	打开	限制带宽至 20MHz,以减少显示噪音
	关闭	满带宽
探头	1X	
	10X	根据探头衰减因数选取其中一个值,以保持垂直标尺读数准确
	100X	
	1000X	
数字滤波		设置数字滤波
⬇ (下一页)	1/2	进入下一页菜单(以下均同,不再说明)
⬆ (上一页)	2/2	返回上一页菜单(以下均同,不再说明)
挡位调节	粗调	粗调按 1-2-5 形式设定垂直灵敏度
	微调	在粗调设置范围之内进一步细分,以改善分辨率
反相	打开	打开波形反向功能
	关闭	波形正常显示

2. 设置通道耦合

以 CH1 通道为例,被测信号是一含有直流偏置的正弦信号。

(1) 按 CH1→"耦合"→"交流",设置为交流耦合方式。被测信号含有的直流分量被阻隔,波形显示如图 C6 所示。

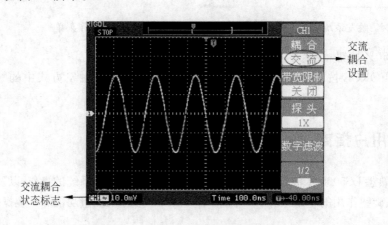

图 C6 设置为交流耦合时的波形显示

（2）按 CH1→"耦合"→"直流"，设置为直流耦合方式。被测信号含有的直流分量和交流分量都可以通过，波形显示如图 C7 所示。

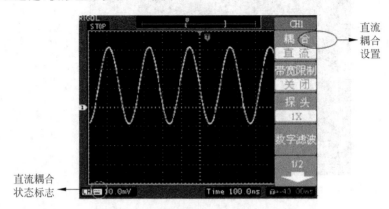

图 C7　设置为直流耦合时的波形显示

（3）按 CH1→"耦合"→"接地"，设置为接地耦合方式。被测信号含有的直流分量和交流分量都被阻隔，波形显示如下图 C8 所示。

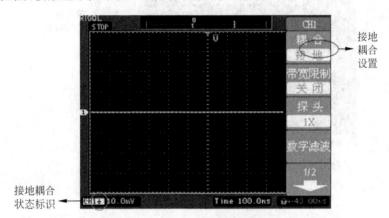

图 C8　设置为接地耦合时的波形显示

3. 设置通道带宽限制

以 CH1 通道为例，被测信号是一含有高频振荡的脉冲信号。

（1）按 CH1→"带宽限制"→"关闭"，设置带宽限制为关闭状态。被测信号含有的高频分量可以通过，波形显示如图 C9 所示。

（2）按 CH1→"带宽限制"→"打开"，设置带宽限制为打开状态。被测信号含有的大于 20MHz 的高频分量被阻隔，波形显示如图 C10 所示。

4. 调节探头比例

为了配合探头的衰减系数，需要在通道操作菜单相应地调整探头衰减比例系数。如探头衰减系数为 10∶1，示波器输入通道的比例也应设置成 10X，以避免显示的挡位信息和测量的数据发生错误。如图 C11 所示为应用 1000∶1 探头时的设置及垂直挡位的显示。

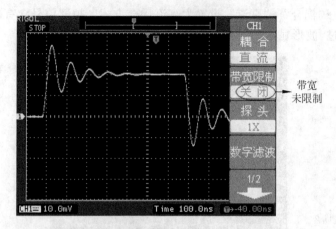

图 C9　设置带宽限制为关闭状态时的波形显示

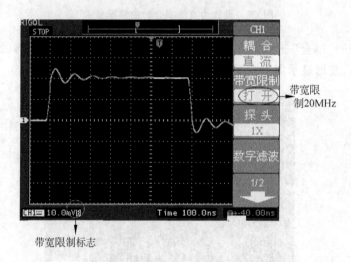

图 C10　设置带宽限制为打开状态时的波形显示

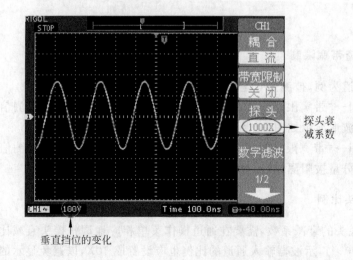

图 C11　应用 1000∶1 探头时的设置及垂直挡位的显示

5. 挡位调节设置

垂直挡位调节分为粗调和细调两种模式。垂直灵敏度的范围是 2mV/div～5V/div。粗调以 1-2-5 的步进方式确定垂直挡位灵敏度，即以 2mV/div、5mV/div、10mV/div、20mV/div、…、5V/div 的方式步进。细调指在当前垂直挡位范围内进一步调整。如果输入的波形幅度在当前挡位略大于满刻度，而应用下一挡位波形显示幅度稍低，就可以应用细调改善波形显示幅度，以利于观察信号细节，如图 C12 所示。

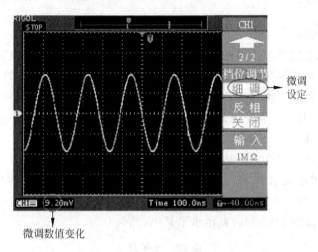

图 C12　挡位调节设置为细调模式以观察信号细节

操作技巧。切换粗调/细调不但可以通过此菜单操作，更可以通过按下垂直 SCALE 旋钮作为设置输入通道粗调/细调状态的快捷键。

6. 选择和关闭通道

DS5000 的 CH1、CH2 为信号输入通道。此外，对于数学运算（MATH）和 REF 的显示和操作也是按通道的等同观念处理的。因此，在处理 MATH 和 REF 时，也可以理解为是在处理相对独立的通道。期望打开或选择某一通道时，只需按其对应的通道按键即可。若希望关闭一个通道，首先此通道必须在当前处于选中状态，然后按 OFF 按键即可将其关闭。

7. 垂直系统的垂直 POSITION 和垂直 SCALE 旋钮的应用

（1）垂直 POSITION 旋钮调整所有通道（包括数学运算和 REF）波形的垂直位置。这个控制钮的解析度根据垂直挡位而变化。

（2）垂直 SCALE 旋钮调整所有通道（包括数学运算和 REF）波形的垂直分辨率。粗调是以 1-2-5 的步进方式确定垂直挡位灵敏度。顺时针增大，逆时针减小垂直灵敏度。细调是在当前挡位的基础上进一步调节波形显示幅度。同样顺时针增大，逆时针减小显示幅度。粗调、细调可通过按垂直 SCALE 旋钮切换。SCALE 调整数学运算（MATH）波形幅度时，是采取 1-2-5 的步进方式确定显示幅度的，以百分比显示。同样顺时针增大，逆时针减小显示幅度。此状态下没有细调模式。

（3）需要调整的通道（包括数学运算和 REF）只有处于选中状态时，垂直 POSITION 和垂直 SCALE 旋钮才能调节此通道。REF（参考波形）的垂直挡位调整对应其存储位置的波形设置。

（4）调整通道波形的垂直位置时屏幕在左下角显示垂直位置信息。例如，POS：32.4mV，显示的文字颜色与通道波形的颜色相同，以 V（伏）为单位。值得注意的是，当调整数学运算（MATH）波形的垂直位置时，显示的数值以 div（格）为单位。

8. 设置水平系统

（1）水平控制旋钮。

使用水平控制旋钮可改变水平刻度（时基），触发在内存中的水平位置（触发位移），触发电路重新启动的时间间隔（触发释抑）。屏幕水平方向上的中心是波形的时间参考点。改变水平刻度会导致波形相对屏幕中心扩张或收缩。水平位置改变波形相对于触发点的位置。

① 水平 POSITION。调整通道波形（包括数学运算）的水平位置。这个控制旋钮的解析度根据时基而变化。

② 水平 SCALE。调整主时基或延迟扫描（Delayed）时基，即秒/格（s/div）。当延迟扫描被打开时，将通过改变水平 SCALE 旋钮改变延迟扫描时基而改变窗口宽度。详情请参看延迟扫描（Delayed）的介绍。

（2）水平控制按键 MENU。显示水平菜单，见表 C2。

表 C2　水平菜单

功能菜单	设　定	说　明
延迟扫描	打开	进入 Delayed 波形延迟扫描
	关闭	关闭延迟扫描
格式	Y-T	以 Y-T 方式显示垂直电压与水平时间的相对关系
	X-Y	以 X-Y 方式在水平轴上显示 CH1 幅值，在垂直轴上显示 CH2 幅值
◀ ▓ ▶	触发位移	调整触发位置在内存中的水平位移
	触发释抑	设置可以接收另一触发事件之前的时间量
触发位移		调整触发位置到中心 0 点
触发释抑		设置触发释抑时间为 100ns

水平菜单外观如图 C13 所示。

1）标志说明

① [ ] 代表当前的波形界面在内存中的位置。

② 标识触发点在内存中的位置。

③ 标识触发点在当前波形界面中的位置。

④ 水平时基（主时基）显示，即秒/格（s/div）。

⑤ 触发位置相对于界面中点的水平距离。

2）名词解释

Y-T 方式。此方式下 Y 轴表示电压量，T 轴表示时间量。

X-Y 方式。此方式下 X 轴表示通道 1 的电压量，Y 轴表示通道 2 的电压量。秒/格（s/div）为水平刻度（时基）单位。如波形采样被停止（使用 RUN/STOP 钮），秒/格控制可扩张或压

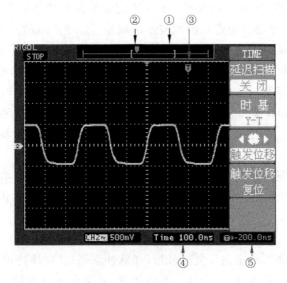

图 C13　水平菜单外观

缩波形。

　　滚动模式显示。当秒/格(s/div)控制设定在 50ms/div 或更慢,并且触发方式设定为自动时,仪器进入滚动模式。在此模式下,波形自左向右滚动刷新显示。在滚动模式中,波形水平位移和触发控制不起作用。

9. 延迟扫描

　　延迟扫描用来放大一段波形,以便查看图像细节。延迟扫描时基设定不能慢于主时基的设定。在延迟扫描下,波形分两个显示区域,如图 C14 所示。上半部分显示的是原波形,未被半透明蓝色覆盖的区域是期望被水平扩展的波形部分。此区域可以通过转动水平

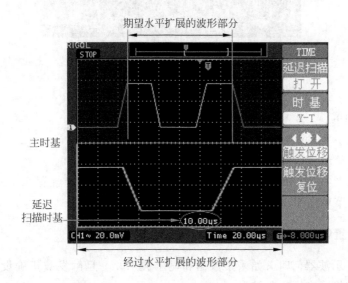

图 C14　延迟扫描下的波形显示

POSITION 旋钮左右移动,或转动水平 SCALE 旋钮扩大和减小选择区域。(DS5000M 以单色区分扩展区域)下半部分是选定的原波形区域经过水平扩展的波形。值得注意的是,延迟时基相对于主时基提高了分辨率(如上图 C13 所示)。由于整个下半部分显示的波形对应于上半部分选定的区域,因此转动水平 SCALE 旋钮减小选择区域可以提高延迟时基,即提高波形的水平扩展倍数,延迟时基可相对主时基向后扩展 5~6 个时基挡位。

注意:因为延迟扫描分上下两个区域分别显示原波形和扩展后的波形,所以波形的显示幅度被压缩了一倍。如原来的垂直挡位是 10mV/div,进入延迟扫描以后,垂直挡位将变为 20mV/div。

测试技巧。进入延迟扫描不但可以通过水平区域的 MENU 菜单操作,也可以直接按下此区域的水平 SCALE 旋钮作为延迟扫描快捷键,切换到延迟扫描状态。

10. 触发释抑

使用触发释抑控制可稳定触发复杂波形(如脉冲系列)。释抑是指示波器重新启用触发电路所等待的时间。在释抑期间,示波器不会触发,直至释抑时间结束。例如,一组脉冲系列,要求在该脉冲系列的第一个脉冲触发,则可以将释抑时间设置为脉冲宽度,如图 C15 所示。

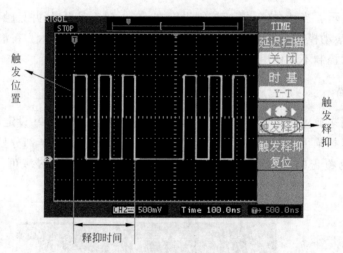

图 C15   设置释抑时间为脉冲宽度

操作说明如下。

(1) 按下水平 MENU 菜单按钮,显示时基菜单。

(2) 按 3 号菜单操作键,选择触发释抑功能。

(3) 调节水平 POSITION 旋钮改变释抑时间,直至波形稳定触发。

(4) 按 4 号菜单操作键,设置关闭触发释抑功能。

11. 如何设置触发系统

触发决定了示波器何时开始采集数据和显示波形。一旦触发被正确设定,它就可以将不稳定的显示转换成有意义的波形。

（1）示波器在开始采集数据时,先收集足够的数据用来在触发点的左方画出波形。示波器在等待触发条件发生的同时连续地采集数据。当检测到触发后,示波器连续地采集足够的数据用于在触发点的右方画出波形。

（2）示波器操作面板的触发控制区包括触发电平调整旋钮 LEVEL;触发菜单按键 MENU;设定触发电平在信号垂直中点的 50%;强制触发按键 FORCE。

① LEVEL。触发电平设定触发点对应的信号电压。

② 50%。触发电平设定在触发信号幅值的垂直中点。

③ FORCE。强制产生一触发信号,主要应用于触发方式中的"普通"和"单次"模式。

④ MENU。触发设置菜单键。

（3）触发有三种方式:边沿、视频和脉宽触发。每类触发使用不同的功能菜单。

① 边沿触发。当触发输入沿给定方向通过某一给定电平时,边沿触发发生。边沿触发方式是在输入信号边沿的触发阈值上触发。在选取"边沿触发"时,即在输入信号的上升或下降边沿触发。

② 视频触发。对标准视频信号进行场或行视频触发。选择视频触发以后,即可在 NTSC,PAL 或 SECAM 标准视频信号的场或行触发。触发耦合预设为交流。

③ 脉宽触发。设定一定的条件捕捉异常脉冲。脉宽触发是根据脉冲的宽度来确定触发时刻的。您可以通过设定脉宽条件捕捉异常脉冲。

12. 设置采样系统

如图 C16 所示,在 MENU 控制区的 ACQUIRE 为采样系统的功能按键。使用 ACQUIRE 按钮弹出如图 C17 所示的采样设置菜单。通过菜单控制按钮调整采样方式,通过改变获取方式的设置,观察因此造成的波形显示变化。采样菜单的详细功能如表 C3 所示。

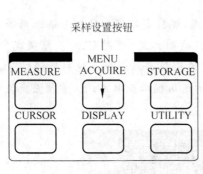

图 C16　采样设置按钮　　　　图 C17　采样设置菜单

表 C3　采样菜单的详细功能

功 能 菜 单	设　　定	说　　明
获取方式	普通	打开普通采样方式
	平均	设置平均采样方式
	模拟	设置模拟显示方式
	峰值检测	打开峰值检测方式

续表

功能菜单	设定	说明
采样方式	实时采样	设置采样方式为实时采样
	等效采样	设置采样方式为等效采样
平均次数	2 ⋮ 256	以 2 的倍数步进,从 2~256 设置平均次数
亮度	◄▓►	设置模拟显示采样点的亮度
混淆抑制	关闭	关闭混淆抑制功能
	打开	打开混淆抑制功能

信号包含噪声,未应用平均采样的波形如图 C18 所示。

进行 64 次平均后,去除噪声影响的波形如图 C19 所示。

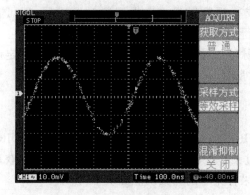 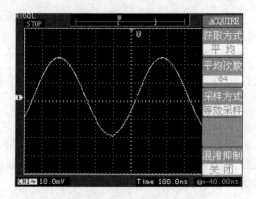

图 C18　包含噪声的信号波形　　　　　图 C19　去除噪声影响的波形

注意:观察单次信号请选用实时采样方式,观察高频周期性信号请选用等效采样方式,观察信号的包络并希望避免混淆,请选用峰值检测方式(见图 C20)。期望减少所显示信号中的随机噪音,请选用平均采样方式,平均值的次数可以选择。观察低频信号,请选择滚动模式。希望显示波形接近模拟示波器效果,请选用模拟获取方式。希望避免波形混淆,请打开混淆抑制模式。

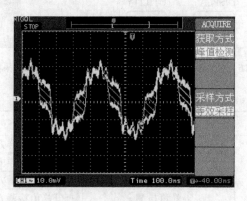

图 C20　峰值检测方式

（1）峰值检测。显示的包络如图 C20 所示，包络之间的密集信号用斜线表示。

（2）滚动模式。当水平时基控制设定在 50ms/div 或更慢，且触发方式设定为自动时，仪器进入滚动采样方式。在此方式下，波形自左向右滚动显示更新值。在滚动方式中，波形水平位移和触发控制不起作用。应用滚动模式观察低频信号时，应将通道耦合设置成直流。

（3）停止采样。运行在采样功能时，显示波形为活动状态。停止采样，则显示冻结波形。无论处于上述哪一种状态，显示波形都可用垂直控制和水平控制来量度或定位。

名词解释如下。

实时采样。实时采样方式在每一次采样采集满内存空间。实时采样率最高为 1GSa/s。在 20ns 或更快的设置下，示波器自动进行插值算法，即在采样点之间插入光点。

等效采样。即重复采样方式。等效采样方式有利于细致观察重复的周期性信号，使用等效采样方式可得到比实时采样高得多的 20ps 的水平分辨率，等效于 50GSa/s。

普通。示波器按相等的时间间隔对信号采样以重建波形。

平均获取方式。应用平均值获取方式可减少所显示信号中的随机或无关噪音。在实时采样或等效采样方式下采样数值，然后将多次采样的波形进行平均计算。

模拟获取方式。示波器根据多次触发采集的数据点计算一系列点出现的概率，并依据这些点的概率决定它们的亮度，以接近模拟示波器的显示效果。

滚动模式。示波器从屏幕左侧到右侧滚动更新波形采样点。此模式只应用于水平时基挡位在 50ms 以上的设置。

峰值检测方式。通过采集采样间隔信号的最大值和最小值，获取信号的包络或可能丢失的窄脉冲。在此获取方式下，可以避免信号的混淆，但显示的噪声比较大。

混淆抑制。混淆是指示波器采集的频率低于实际信号最大频率的两倍而采集产生的一种状态。混淆抑制是为了防止混淆的产生而专门设计的，混淆抑制可判别信号的最大频率，并以两倍的最大频率采集信号。

13. 设置显示系统

如图 C21 所示，在 MENU 控制区的 DISPLAY 为采样系统的功能按键。

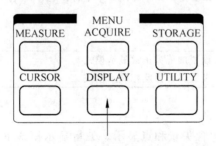

图 C21　显示设置按钮

使用 DISPLAY 按钮弹出如图 C22、图 C23 所示的设置菜单。通过菜单控制按钮调整显示方式。

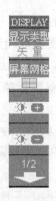

图 C22　显示设置菜单 1　　　　　图 C23　显示设置菜单 2

显示设置菜单中各项的详细功能如表 C4 和表 C5 所示。

表 C4　显示设置菜单 1 的功能

功能菜单	设　定	说　明
显示类型	矢量点	采样点之间通过连线的方式显示直接显示采样点
屏幕网格		打开背景网格及坐标
		关闭背景网格
		关闭背景网格及坐标
☼ ➕		增强屏幕显示对比度
☼ ➖		减弱屏幕显示对比度

表 C5　显示设置菜单 2 的功能

功能菜单	设　定	说　明
波形保持	关闭	记录点以高刷新率变化
	打开	记录点一直保持,直至波形保持功能被关闭
菜单保持	1s 2s 5s 10s 20s 无限	设置隐藏菜单时间。菜单将在最后一次按键动作后的设置时间内隐藏
屏幕	普通	设置屏幕为正常显示模式
	反相	设置屏幕为反相显示模式

关键点如下。

显示类型。显示类型包含矢量和点显示。矢量显示模式下,示波器采取数字内插的方式连接采样点,并且包含线性和 $\sin(x)/x$ 两种模式。$\sin(x)/x$ 内插方式适用于实时采样方式,并且在 20ns 或更快时基下有效。

刷新率。刷新率是数字示波器的一项重要指标,它是指示波器每秒刷新屏幕波形的次数。刷新率的快慢将影响示波器快速观察信号动态变化的能力。DS5000 系列数字存储示波器的刷新率最高为每秒 1000 次以上。

14. 存储和调出

如图 C24 所示，在 MENU 控制区的 STORAGE 为存储系统的功能按键。

使用 STORAGE 按钮弹出如图 C25 所示的存储设置菜单。通过菜单控制按钮设置存储/调出波形，如表 C6 所示。

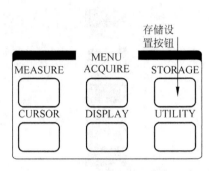

图 C24　存储设置按键　　　　　　　　图 C25　存储设置菜单

表 C6　存储设置菜单

功　能　菜　单	设　　　定	说　　　明
存储类型	波形存储	设置保存、调出波形操作
	出厂设置	设置调出出厂设置操作
	设置存储	设置保存、调出设置操作
波形	No. 1	设置波形存储位置
	No. 2	
	⋮	
	No. 10	
调出		调出出厂设置或指定位置的存储文件
保存		保存波形数据到指定位置

15. 自动测量

如图 C26 所示，在 MENU 控制区的 MEASURE 为自动测量功能按键。下面的介绍使您逐渐熟悉 DS5000 强大的测量功能。

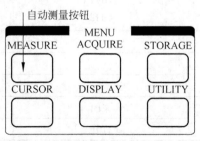

图 C26　自动测量按钮

　　菜单说明。按 MEASURE 自动测量功能键，系统显示自动测量操作菜单。本示波器具有 20 种自动测量功能，包括峰峰值、最大值、最小值、顶端值、底端值、幅值、平均值、均方根值、过冲、预冲、频率、周期、上升时间、下降时间、正占空比、负占空比、延迟 1→2 ⌐、延迟 1→2 ⌐、正脉宽、负脉宽的测量，共 10 种电压测量功能和 10 种时间测量功能。

　　(1) 电压测量。DS5000 可以自动测量的电压参数包括峰峰值、最大值、最小值、平均值、均方根值、顶端值、底端值，如图 C27～图 C30 所示为电压测量菜单外观，如表 C7～表 C10 所示为菜单的详细功能，图 C31 描述了一系列电压参数的物理意义。

图 C27　电压测量菜单分页一　　　　图 C28　电压测量菜单分页二

图 C29　电压测量菜单分页三　　　　图 C30　电压测量菜单分页四

表 C7　电压测量菜单分页一的功能

功 能 菜 单	显　　示	说　　明
信源选择	CH1 CH2	设置被测信号的输入通道
电压测量	—	选择测量电压参数
时间测量	—	选择测量时间参数
清除测量	—	清除测量结果
全部测量	关闭	关闭全部测量显示
	打开	打开全部测量显示

表 C8　电压测量菜单分页二的功能

功 能 菜 单	显 　 示	说 　 明
电压测量	1/3	电压测量菜单分页一
峰峰值	—	测量信号峰峰值
最大值	—	测量信号最大值
最小值	—	测量信号最小值
平均值	—	测量信号平均值

表 C9　电压测量菜单分页三的功能

功 能 菜 单	显 　 示	说 　 明
电压测量	2/3	电压测量菜单分页二
幅度	—	测量信号幅度值
顶端值	—	测量信号顶端值
底端值	—	测量信号底端值
均方根值	—	测量信号均方根值

表 C10　电压测量菜单分页四的功能

功 能 菜 单	显 　 示	说 　 明
电压测量	3/3	电压测量菜单分页三
过冲	—	测量信号过冲值
预冲	—	测量信号预冲值

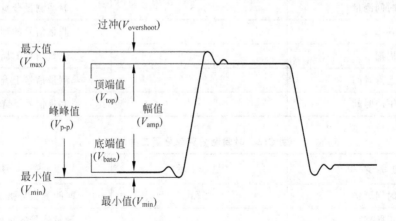

图 C31　顶端平整的脉冲信号

峰峰值($V_{\text{p-p}}$)。波形最高点波峰至最低点的电压值。

最大值(V_{max})。波形最高点至 GND(地)的电压值。

最小值(V_{min})。波形最低点至 GND(地)的电压值。

幅值(V_{amp})。波形顶端至底端的电压值。

顶端值(V_{top})。波形平顶至 GND(地)的电压值。

底端值(V_{base})。波形平底至 GND(地)的电压值。

过冲($V_{overshoot}$)。波形最大值与顶端值之差与幅值的比值。

预冲($V_{preshoot}$)。波形最小值与底端值之差与幅值的比值。

平均值(Average)。一个周期内信号的平均幅值。

均方根值(V_{rms})。即有效值。依据交流信号在一周期时所换算产生的能量,对应于产生等值能量的直流电压,即均方根值。

(2) 时间测量。时间测量菜单外观如图 C32～图 C34 所示,菜单的详细功能如表 C11～表 C13 所示。

图 C32　时间测量菜单分页一　　图 C33　时间测量菜单分页二　　图 C34　时间测量菜单分页三

表 C11　时间测量菜单分页一的功能

功 能 菜 单	显　　示	说　　明
时间测量	1/3	时间测量分页一
频率	—	测量信号的频率
周期	—	测量信号的周期
上升时间	—	测量信号上升时间
下降时间	—	测量信号下降时间

表 C12　时间测量菜单分页二的功能

功 能 菜 单	显　　示	说　　明
时间测量	2/3	时间测量分页二
正脉宽	—	测量信号的正脉宽
负脉宽	—	测量信号的负脉宽
正占空比	—	测量信号的正占空比
负占空比	—	测量信号的负占空比

表 C13　时间测量菜单分页三的功能

功 能 菜 单	显　　　示	说　　　明
时间测量	3/3	时间测量分页三
延迟 1→2 ⌐	—	测量信号在上升沿处的延迟时间
延迟 1→2 ⌐	—	测量信号在下降沿处的延迟时间

　　注意：动测量的结果显示在屏幕下方，最多可同时显示三个数据。当显示已满时，新的测量结果会导致原显示左移，从而将原屏幕最左的数据推挤出屏幕之外。

　　操作说明如下。

　　a. 选择被测信号通道。根据信号输入通道不同，选择 CH1 或 CH2。

　　按钮操作顺序为 MEASURE→信源选择→ CH1 或 CH2。

　　b. 获得全部测量数值。如图 C35 菜单所示，按 5 号菜单操作键，设置"全部测量"项状态为打开。18 种测量参数值显示于屏幕中央。

　　c. 选择参数测量。按 2 号或 3 号菜单操作键选择测量类型，查找感兴趣的参数所在的分页。按钮操作顺序为 MEASURE→电压测量、时间测量→电压 1/3、电压 2/3……

　　d. 获得测量数值。应用 2~5 号菜单操作键选择参数类型，并在屏幕下方直接读取显示的数据。若显示的数据为"＊＊＊＊＊"，表明在当前的设置下，此参数不可测。

　　e. 清除测量数值。如图 C35 菜单所示，按 4 号菜单操作键选择清除测量，此时，所有的自动测量值从屏幕消失。

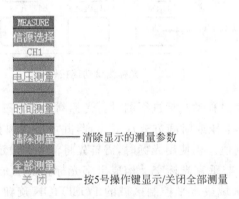

图 C35　清除测量数值

　　DS5000 不仅可以自动测量信号的频率和周期，更增加了上升时间、下降时间、正脉宽、负脉宽、延迟 1→2 ⌐、延迟 1→2 ⌐正占空比，负占空比 8 种时间参数的自动测量。

　　a. 上升时间（Rise Time）。波形幅度从 10％上升至 90％所经历的时间。

　　b. 下降时间（FallTime）。波形幅度从 90％下降至 10％所经历的时间。

　　c. 正脉宽（＋Width）。正脉冲在 50％幅度时的脉冲宽度。

　　d. 负脉宽（－Width）。负脉冲在 50％幅度时的脉冲宽度。

　　e. 延迟 1→2 ⌐。通道 1、2 相对于上升沿的延迟。

　　f. 延迟 1→2 ⌐。通道 1、2 相对于下升沿的延迟。

g. 正占空比(+Duty)。正脉宽与周期的比值。

h. 负占空比(-Duty)。负脉宽与周期的比值。

各时间参数定义的示意图如图 C36 所示。

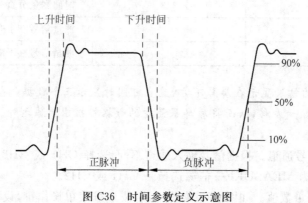

图 C36　时间参数定义示意图

16. 光标测量

如图 C37 所示,在 MENU 控制区的 CURSOR 为光标测量功能按键。

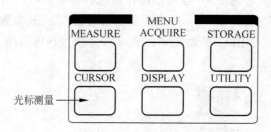

图 C37　光标测量功能按键

光标模式允许用户通过移动光标进行测量。光标测量分为三种模式。

(1) 手动方式。光标电压或时间方式成对出现,并可手动调整光标的间距。显示的读数即为测量的电压或时间值。当使用光标时,需首先将信号源设定成所要测量的波形。

(2) 追踪方式。水平与垂直光标交叉构成十字光标。十字光标自动定位在波形上,通过旋转对应的垂直控制区域或水平控制区域的 POSITION 旋钮可以调整十字光标在波形上的水平位置。示波器同时显示光标点的坐标。

(3) 自动测量方式。通过此设定,在自动测量模式下,系统会显示对应的电压或时间光标,以揭示测量的物理意义。系统根据信号的变化,自动调整光标位置,并计算相应的参数值。

注意:此种方式在未选择任何自动测量参数时无效。

三种光标测量方式的菜单及操作说明如下。

(1) 手动方式。手动光标测量方式是测量一对电压光标或时间光标的坐标值及两者间的增量。手动光标测量菜单如图 C38 所示,表 C14 为手动光标测量菜单的功能。操作步骤如下。

图 C38　手动测量菜单

表 C14　手动测量菜单的功能

功 能 菜 单	设　　定	说　　明
光标模式	手动	手动调整光标间距以测量电压或时间参数
光标类型	电压 时间	光标显示为水平线,用来测量垂直方向的参数。光标显示为垂直线,用来测量水平方向的参数
信源选择	CH1 CH2 MATH	选择被测信号的输入通道

① 选择手动测量模式。按键操作顺序为 CURSOR→光标模式→手动。

② 选择被测信号通道。根据被测信号的输入通道不同,选择 CH1 或 CH2。按键操作顺序为信源选择→CH1、CH2 或 MATH。

注意:当测量 MATH 的垂直通道时,数值的显示以 div(格)为单位。

③ 选择光标类型。根据需要测量的参数分别选择电压或时间光标。按键操作顺序为光标类型→电压或时间。

④ 移动光标以调整光标间的增量,见表 C15。

表 C15　移动光标操作

光　　标	增　　量	操　　作
CurA (光标 A)	电压 时间	旋转垂直 POSITION 旋钮使光标上下移动 旋转垂直 POSITION 旋钮使光标左右移动
CurB (光标 B)	电压 时间	旋转水平 POSITION 旋钮使光标上下移动 旋转水平 POSITION 旋钮使光标左右移动

注意:只有光标功能菜单显示时,才能移动光标。

⑤ 获得测量数值。

a. 显示光标 1 位置(时间以屏幕水平中心位置为基准,电压以通道接地点为基准)。

b. 显示光标 2 位置(时间以屏幕水平中心位置为基准,电压以通道接地点为基准)。

c. 显示光标 1、2 的水平间距(ΔX),即光标间的时间值。

d. 显示光标 1、2 水平间距的倒数($1/\Delta X$)。

e. 显示光标 1、2 的垂直间距(ΔY),即光标间的电压值。

注意:当光标功能菜单隐藏或显示其他功能菜单时,测量数值自动显示于屏幕右上角。

名词解释如下。

① 电压光标。定位在待测电压参数波形某一位置的两条水平光线。示波器显示每一光标相对于接地的数据,以及两光标之间的电压值。

② 时间光标。定位在待测时间参数波形某一位置的两条垂直光线。示波器根据屏幕水平中心点和这两条光线之间的时间值来显示每个光标的值,以秒和秒的倒数(Hz)为单位。

（2）光标追踪方式。

光标追踪测量方式是在被测波形上显示十字光标,通过移动光标的水平位置,光标自动在波形上定位,并显示当前定位点的水平、垂直坐标和两光标间水平垂直的增量。其中,水平坐标以时间值显示,垂直坐标以电压值显示。光标追踪测量菜单如图 C39 所示,表 C16 为光标追踪测量菜单的功能,操作步骤如下。

图 C39　追踪测量菜单

表 C16　追踪测量菜单的功能

功能菜单	设　定	说　明	
光标模式	追踪	设定追踪方式,定位和调整十字光标在被测波形上的位置	
光标 A	CH1	设定追踪测量通道 1 的信号	
	CH2	设定追踪测量通道 2 的信号	
	无光标	不显示光标 A	
光标 B	CH1	设定追踪测量通道 1 的信号	
	CH2	设定追踪测量通道 2 的信号	
	无光标	不显示光标 B	
坐标	Cur-Ax Cur-Ay	光标 A 的水平和垂直坐标	可通过按 4 号菜单操作键切换
	Cur-Bx Cur-By	光标 B 的水平和垂直坐标	
增量	ΔX $1/\Delta X$	两光标间的水平增量的倒数	可通过按 5 号菜单操作键切换
	ΔY	两光标间的垂直增量	

操作步骤如下。

① 选择光标追踪测量模式按键操作顺序为 CURSOR→光标模式→追踪。

② 选择光标 A、B 的信源。根据被测信号的输入通道不同,选择 CH1 或 CH2。

若不希望显示此光标,则选择无光标。

按键操作顺序为光标 A 或光标 B→CH1、CH2 或无光标。

③ 移动光标在波形上的水平位置,具体操作见表 C17。

表 C17　移动光标操作

光　　标	操　　作
光标 A	旋转垂直 POSITION 旋钮使光标在波形上水平移动
光标 B	旋转水平 POSITION 旋钮使光标在波形上水平移动

注意:只有光标追踪菜单显示时,才能水平移动光标。在其他菜单状态下,十字光标在当前窗口的水平位置不会改变,垂直光标可能因为波形的瞬时变化而上下摆动。

④ 获得测量数值。

a. 显示光标 1 位置(时间以屏幕水平中心位置为基准,电压以通道接地点为基准)。

b. 显示光标 2 位置(时间以屏幕水平中心位置为基准,电压以通道接地点为基准)。

c. 显示光标 1、2 的水平间距(ΔX)。即光标间的时间值(以 s 为单位)。

d. 显示光标 1、2 水平间距的倒数($1/\Delta X$)(以 Hz 为单位)。

e. 显示光标 1、2 的垂直间距(ΔY)。即光标间的电压值(以 V 为单位)。

注意:当光标功能菜单隐藏或显示其他功能菜单时,测量数值自动显示于屏幕右上角。

(3) 光标自动测量方式。

光标自动测量模式显示当前自动测量参数所应用的光标。若没有在 MEASURE 菜单下选择任何的自动测量参数,将没有光标显示。光标自动测量菜单如图 C40 所示,表 C18 为光标自动测量菜单的功能。

图 C40　自动测量菜单

表 C18　自动测量菜单的功能

功能菜单	设　定	说　　明
光标模式	自动测量	显示当前自动测量的参数所应用的光标(见图 C41)

本示波器可以自动移动光标测量(MEASURE)菜单下的所有 20 种参数。

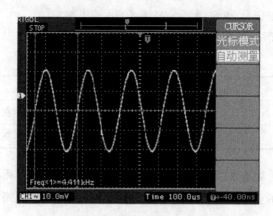

图 C41　频率自动测量光标示意图

17. 使用执行按钮

执行按键包括 AUTO(自动设置)和 RUN/STOP(运行/停止)两种。

(1) AUTO(自动设置)。自动设定仪器各项控制值,以产生适宜观察的波形。

按 AUTO(自动设置)键,快速设置和测量信号。按 AUTO 键后,菜单显示的选项如图 C42所示。

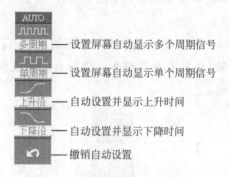

图 C42　AUTO 菜单显示的选项

可自动设定功能项目如表 C19 所示。

表 C19　自动设定的功能项目

功　能	设　定
显示方式	$Y\text{-}T$
采样方式	等效采样
获取方式	普通
垂直耦合	根据信号调整到交流或直流
垂直 V/div	调节至适当挡位
垂直挡位调节	粗调
带宽限制	关闭(即满带宽)

功　能	设　定
信号反相	关闭
水平位置	居中
水平 s/div	调节至适当挡位
触发类型	边沿
触发信源	自动检测到有信号输入的通道
触发耦合	直流
触发电平	中点设定
触发方式	自动
◁POS▷旋钮	触发位移

(2) RUN/STOP(运行/停止)。运行和停止波形采样。

注意：在停止的状态下，对于波形垂直挡位和水平时基可以在一定的范围内调整，相当于对信号进行水平或垂直方向上的扩展。在水平挡位为 50ms 或更小时，水平时基可向上或向下扩展 5 个挡位。

三、使用实例

例 1　测量简单信号。

观测电路中一未知信号，迅速显示和测量信号的频率和峰峰值。

(1) 欲迅速显示该信号，请按以下步骤操作。

① 将探头菜单衰减系数设定为 10X，并将探头上的开关设定为 10X。

② 将通道 1 的探头连接到电路被测点。

③ 按下 AUTO(自动设置)按钮。

示波器将自动设置使波形显示达到最佳。在此基础上，可以进一步调节垂直、水平挡位，直至波形的显示符合您的要求。

(2) 进行自动测量。示波器可对大多数显示信号进行自动测量。欲测量信号频率和峰峰值，请按以下步骤操作。

① 测量峰峰值。

按下 MEASURE 按钮以显示自动测量菜单。

按下 1 号菜单操作键以选择信源 CH1。

按下 2 号菜单操作键选择测量类型电压测量。

按下 2 号菜单操作键选择测量参数峰峰值。

此时，可以在屏幕左下角发现峰峰值的显示。

② 测量频率。

按下 3 号菜单操作键选择测量类型时间测量。

按下 2 号菜单操作键选择测量参数频率。

此时,可以在屏幕下方发现频率的显示。

注意:测量结果在屏幕上的显示会因为被测信号的变化而改变。

例2　观察正弦波信号通过电路产生的延迟和畸变。

与例1相同,设置探头和示波器通道的探头衰减系数为10X。

将示波器 CH1 通道与电路信号输入端相接,CH2 通道则与输出端相接。

操作步骤如下。

(1) 显示通道 CH1 和通道 CH2 的信号。

① 按下 AUTO(自动设置)按钮。

② 继续调整水平、垂直挡位直至波形显示满足测试要求。

③ 按 CH1 按键选择通道1,旋转垂直(VERTICAL)区域的垂直 POSITION 旋钮调整通道1波形的垂直位置。

④ 按 CH2 按键选择通道2,如操作③,调整通道2波形的垂直位置。使通道1、通道2波形既不重叠在一起,又利于观察比较。

(2) 测量正弦信号通过电路后产生的延时,并观察波形的变化。

① 自动测量通道延时。

按下 MEASURE 按钮以显示自动测量菜单。

按下 1 号菜单操作键以选择信源 CH1。

按下 3 号菜单操作键选择时间测量。

按下 1 号菜单操作键选择测量类型分页时间测量 3-3。

按下 2 号菜单操作键选择测量类型延迟 1→2 ⌐。

此时,可以在屏幕左下角发现通道1、通道2在上升沿的延时数值显示。

② 观察波形的变化,如图 C43 所示。

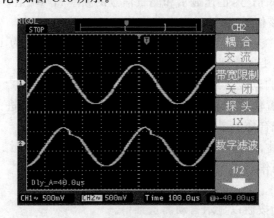

图 C43　正弦波信号通过电路产生延迟和畸变的波形

例3　捕捉单次信号。

方便地捕捉脉冲、毛刺等非周期性的信号是数字存储示波器的优势和特点。捕捉一个单次信号,首先需要对此信号有一定的先验知识,才能设置触发电平和触发沿。例如,如果脉冲是一个 TTL 电平的逻辑信号,触发电平应该设置成 2V,触发沿设置成上升沿触发。若对于信号的情况不确定,则可以通过自动或普通的触发方式先行观察,以确定触发电平和触发沿。

操作步骤如下。

(1) 如例 2 设置探头和通道 CH1 的衰减系数。

(2) 进行触发设定。

① 按下触发(TRIGGER)控制区域 MENU 按钮,显示触发设置菜单。

② 在此菜单下分别应用 1~5 号菜单操作键设置触发类型为边沿触发、边沿类型为上升沿、信源选择为 CH1、触发方式为单次、耦合为直流。

③ 调整水平时基和垂直挡位至适合的范围。

④ 旋转触发(TRIGGER)控制区域 LEVEL 旋钮,调整为适合的触发电平。

⑤ 按 RUN/STOP 执行按钮,等待符合触发条件的信号出现。如果有某一信号达到设定的触发电平,即采样一次,就显示在屏幕上。

利用此功能可以轻易捕捉到偶然发生的事件,例如幅度较大的突发性毛刺。将触发电平设置为刚刚高于正常信号的电平值,按 RUN/STOP 按钮开始等待,则当毛刺发生时,机器自动触发并把触发前后一段时间的波形记录下来。通过旋转面板上水平控制区域(HORIZONTAL)的水平 POSITION 旋钮,改变触发位置的水平位置可以得到不同长度的负延迟触发,便于观察毛刺发生之前的波形。

例 4   减少信号上的随机噪声。

如果被测试的信号中叠加了随机噪声,则可以通过调整本示波器的设置,滤除或减小噪声,避免其在测量中对本体信号的干扰,波形如图 C44 所示。

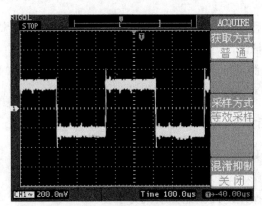

图 C44   信号上随机噪声的减少

操作步骤如下。

(1) 如例 3 设置探头和通道 CH1 的衰减系数。

(2) 连接信号使波形在示波器上稳定地显示。操作参见例 3,水平时基和垂直挡位的调整见例 3 的相应描述。

(3) 通过设置触发耦合滤除噪声。

① 按下触发(TRIGGER)控制区域 MENU 按钮,显示触发设置菜单。

② 按 5 号菜单操作键选择高频抑制或低频抑制。

低频抑制是设定一高通滤波器,可滤除 8kHz 以下的低频信号分量,允许高频信号分量通过。高频抑制是设定一低通滤波器,可滤除 150kHz 以上的高频信号分量(如 FM 广播信号),允许低频信号分量通过。通过设置低频抑制或高频抑制可以分别抑制低频或高频噪声,得到稳定的触发信号。

　　如果被测信号叠加了随机噪声导致波形过粗,可以应用平均采样方式去除随机噪声的显示,使波形变细,便于观察和测量。取平均值后随机噪声被减小而信号的细节更易观察。

　　(4) 具体的操作是:按面板 MENU 区域的 ACQUIRE 按钮,显示采样设置菜单。按 2 号菜单操作键设置获取方式为平均状态,然后按 3 号菜单操作键调整平均次数,依次由 2～256 以 2 的倍数步进,直至波形的显示满足观察和测试要求,调整后的波形见图 C45。

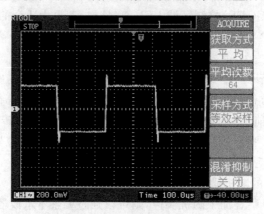

图 C45　调整后的波形

　　注意:使用平均采样方式会使波形显示更新速度变慢,这是正常现象。

　　例 5　应用光标测量。

　　本示波器可以自动测量 20 种波形参数。所有的自动测量参数都可以通过光标进行测量。使用光标可迅速地对波形进行时间和电压测量。

1. 测量脉冲上升沿振铃(RING)的频率

欲测量脉冲上升沿处的 RING 频率,请按以下步骤操作。

　　(1) CURSOR 按钮以显示光标测量菜单。

　　(2) 按下 1 号菜单操作键设置光标模式为手动。

　　(3) 按下 2 号菜单操作键设置光标类型为时间。

　　(4) 旋转垂直控制区域垂直 POSITION 旋钮将光标 1 置于 RING 的第一个峰值处。

　　(5) 旋转水平控制区域水平 POSITION 旋钮将光标 2 置于 RING 的第二个峰值处。

光标菜单中显示出增量时间和频率(测得的 RING 频率),如图 C46 所示。

2. 测量脉冲上升沿振铃(RING)的幅值

欲测量脉冲上升沿 RING 幅值,请按以下步骤操作。

　　(1) 按下 CURSOR 按钮以显示光标测量菜单。

　　(2) 按下 1 号菜单操作键设置光标模式为手动。

　　(3) 按下 2 号菜单操作键设置光标类型为时间。

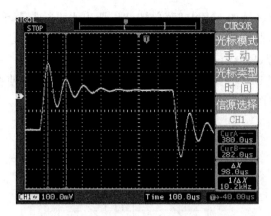

图 C46   脉冲上升沿处 RING 频率的测量

（4）旋转垂直控制区域垂直 POSITION 旋钮将光标 1 置于 RING 的第一个峰值处。

（5）旋转水平控制区域水平 POSITION 旋钮将光标 2 置于 RING 的第二个峰值处。

光标菜单中将显示下列测量值（如图 C47 所示）。

• 增量电压（RING 的峰-峰电压）。

• 光标 1 处的电压。

• 光标 2 处的电压。

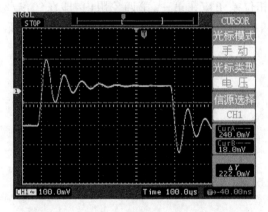

图 C47   脉冲上升沿振铃（RING）幅值的测量

例 6 *X-Y* 功能的应用。

查看两通道信号的相位差。

实例。测试信号经过一电路网络产生的相位变化。将示波器与电路连接，监测电路的输入输出信号。

欲以 *X-Y* 坐标图的形式查看电路的输入、输出，请按以下步骤操作。

（1）将探头菜单衰减系数设定为 10X，并将探头上的开关设定为 10X。

（2）将通道 1 的探头连接至网络的输入，将通道 2 的探头连接至网络的输出。

（3）若通道未被显示，则按下 CH1 和 CH2 菜单按钮。

（4）按下 AUTO（自动设置）按钮。

（5）调整垂直 SCALE 旋钮使两路信号显示的幅值大约相等。

（6）按下水平控制区域的 MENU 菜单按钮以调出水平控制菜单。

（7）按下时基菜单框按钮以选择 X-Y。

示波器将以李沙育（Lissajous）图形模式显示网络的输入、输出特征。

（8）调整垂直 SCALE、垂直 POSITION 和水平 SCALE 旋钮使波形达到最佳效果。

（9）应用椭圆示波图形法观测并计算出相位差（如图 C48 所示）。

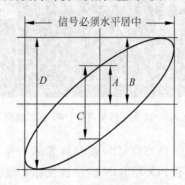

图 C48　椭圆示波图形法观测相位差

根据 $\sin\alpha = A/B$ 或 C/D，其中 α 为通道间的相差角，A,B,C,D 的定义见上图 C48。因此可以得出相差角，即 $\alpha = \pm\arcsin(A/B)$ 或 $\pm\arcsin(C/D)$。如果椭圆的主轴在第一、第三象限内，那么所求得的相位差角应在第一、第四象限内，即在 $(0,\pi/2)$ 或 $(3\pi/2,2\pi)$ 内。如果椭圆的主轴在第二、第四象限内，那么所求得的相位差角应在第二、第三象限内，即在 $(\pi/2,\pi)$ 或 $(\pi,3\pi/2)$ 内。

参 考 文 献

[1]　邱关源. 电路. 第 5 版. 北京：高等教育出版社,2006.

[2]　程耕国. 电路实验指导书. 第 2 版. 武汉：武汉理工大学出版社,2001.

[3]　原东昌,李晋炬. 通信原理与电路实验指导书. 北京：北京理工大学出版社,2000.

[4]　张峰,吴月梅,李丹. 电路实验教程. 北京：高等教育出版社,2008.

[5]　姚缨英. 电路实验教程. 第 2 版. 北京：高等教育出版社,2011.

[6]　刘颖,王向军. 电路实验教程. 北京：国防工业出版社,2008.

[7]　王超红,姜学勤. 电路实验教程. 东营：石油大学出版社,2006.

[8]　王兵. 电路实验教程. 成都：西南交通大学出版社,2009.

[9]　李玉东. 电路实验教程. 北京：煤炭工业出版社,2012.

[10]　蔡良伟. 电路与电子学实验教程. 西安：西安电子科技大学出版社,2012.

[11]　曹雪萍. 电工电路实验教程. 南京：东南大学出版社,2005.

[12]　于维顺,电路与电子技术实践教程. 南京：东南大学出版社,2013.

[13]　刘东梅. 电路实验教程. 第 2 版. 北京：机械工业出版社,2013.

[14]　余佩琼,孙惠英. 电路实验教程. 北京：人民邮电出版社,2010.

[15]　颜湘武. 电工测量基础与电路实验教程. 北京：中国电力出版社,2011.

[16]　毕卫红. 电路实验教程. 北京：机械工业出版社,2010.

[17]　李书杰,侯国强. 电路实验教程. 北京：冶金工业出版社,2004.

[18]　盛孟刚、姚志强. 电路实验教程. 湖南：湘潭大学出版社,2011.

[19]　姚缨英. 电路实验教程. 北京：高等教育出版社,2006.

[20]　张常年. 现代电路实验综合教程. 北京：电子工业出版社,2011.

[21]　王艳,马丽萍,刘钟燕. 电路基础实验教程. 西安：西北工业大学出版社,2013.

[22]　刘宏,黄筱霞. 电路理论实验教程. 广州：华南理工大学出版社,2007.

[23]　金波. 电路分析实验教程. 西安：西安电子科技大学出版社,2008.

[24]　杨焱,张琦,彭嵩,等. 电路分析实验教程. 北京：人民邮电出版社,2012.

[25]　马艳. 电路基础实验教程. 北京：电子工业出版社,2012.

[26]　程荣龙. 电路分析实验教程. 大连：大连理工大学出版社,2013.

[27]　张彩荣. 电路实验与实训教程. 南京：东南大学出版社,2008.

[28]　李强,袁臣虎,王炜. 电路实验及仿真教程. 北京：中国电力出版社,2009.

[29]　刘广伟,葛付伟,丛红侠. 简明电路分析基础实验教程. 天津：南开大学出版社,2010.

[30]　张静秋. 电路与电子技术实验教程. 长沙：中南大学出版社,2013.

[31]　赵桂钦. 电路分析基础教程与实验. 北京：清华大学出版社,2008.

[32]　朱钰铧. 电路基础实验实训指导教程. 合肥：安徽大学出版社,2008.

[33]　孙中禹. 电路基础与信号系统实验教程. 西安：西安电子科技大学出版社,2013.

[34]　尹明. 电路原理实验教程. 哈尔滨：哈尔滨工业大学出版社,2013.